Stefan Gottschling

Werbetexten

Das Trainingsbuch

Werbetexten
Das Trainingsbuch

Stefan Gottschling

www.texterclub.de
www.sgv-verlag.de

Texterclub
www.texterclub.de

SGV
VERLAG

Bibliografische Information der Deutschen Nationalbibliothek

Die Deutsche Nationalbibliothek verzeichnet diese Publikation in der Deutschen Nationalbibliografie; detaillierte bibliografische Daten sind im Internet unter http://dnb.ddb.de abrufbar.

1. Auflage 2016

Autor: Stefan Gottschling

Redaktion: Sonja Röhsler, Bettina Kleinsteuber, Regina Lauer, Kristina Brunner, Janna Conrad

Satz: SGV Verlag

Umschlaggestaltung und Abbildungen: SGV Verlag / Heinz Pichler

Themenfotos:
„Waiting for inspiration“ © Sergey Nivens – Fotolia.com
„Vintage typewriter isolated“ © just2shutter – Fotolia.com
„SONY DSC“ © kim – Fotolia.com
„vintage note paper office business“ © picsfive – Fotolia
„film_2“ © Sergio J Lievano – Fotolia.com
„loving books“ © dkimages – Fotolia.com

Druck und Verarbeitung: lettero.de – Heimdall DTP & Verlagsservice, Rheine

Printed in Germany

ISBN 978-3-9450531-9-5

Trainieren Sie Ihr Werbetext-Know-how!

Liebe Leserin, lieber Leser,

dieses Trainingsbuch nimmt Sie mit auf eine Reise. In 30 Aufgaben begegnen Sie lila Kühen, der Berliner Stadtreinigung und einer Katze in einem dunklen Keller. Klingt spannend? Ist es auch! In abwechslungsreichen Aufgaben lernen Sie, was es heißt, ein guter Texter zu sein. Einfach, schnell und anwendungsorientiert.

Dieses Trainingsbuch zeigt Ihnen …

- ☑ welche Motive einen Leser zum Lesen bringen,
- ☑ wie Sie richtig gute Headlines schreiben,
- ☑ welche Texte im Online-Shop wirklich überzeugen,
- ☑ wie Sie Ihre Kreativität sprudeln lassen,
- ☑ und noch viel, viel mehr.

Das Beste daran: Die Lösung liefern wir gleich mit. Mit dem Lösungsteil Ihres Trainingsbuches können Sie Ihre Ergebnisse sofort vergleichen und nachbessern. Das garantiert einen besonders hohen Lernerfolg.

30 Aufgaben drehen sich rund um das Thema Werbetext. Ein kurzer Teaser am Anfang jeder Aufgabe sagt Ihnen, worum's geht. Oft gibt es ein knackiges Beispiel aus der Werbewelt dazu. Und dann sind auch schon Sie an der Reihe. Ohne viel Drumherum, ohne trockene Theorie. Denn hier heißt es: Probieren geht über Studieren.

Viel Spaß beim Üben wünscht Ihnen

Ihr

Stefan Gottschling

Der Inhalt: Spannende Aufgaben rund um erfolgreiche Werbetexte. Obendrauf gibt‘s anschauliche Beispiele aus der Praxis und Lösungen.

Aufgaben

Der Inhalt: Die wichtigsten Lösungen zu den Aufgaben

Lösungen

Üben, üben, üben!

Ran an den Stift und los geht's – spannende Aufgaben warten auf Sie. Und jede Aufgabe macht Sie als Texter ein bisschen besser. Die Belohnung am Schluss: Ihre Kunden werden süchtig sein – nach Ihren Texten, Ihren Ideen, Ihren Vorstellungen. Viel Erfolg!

AUFGABEN

Verkaufstext, klassische Werbung, Content-Marketing – Was ist was?

Response, Response?: Der Verkaufstext

Die wichtige Frage: Was will ich mit einem Text erreichen? Viele Reaktionen? Klicks? Downloads? Anrufe oder direkte Verkäufe? Dann muss ich dorthin führen. Verzaubern, Begehrlichkeiten wecken – und dann die Reaktion auslösen. Das kann ein Text nur, wenn er seinem Leser sagt, was er zu tun hat. Texte, die im weitesten Sinne etwas verkaufen, brauchen starke Aktivierungen. Und sprechen ihre Leser direkt an.

„Oh, wie schön ist Panama“: Klassische Werbung

Es gibt Texte, die zielen nicht gleich auf Verkauf. Die wollen eine Einstellung zu einem Produkt formen, ändern oder überhaupt erst aufbauen. Hier braucht Ihr Produkt Aufmerksamkeit. Der Text stellt sie her, indem er ganz kurze Geschichten erzählt, in Überschriften kognitive Dissonanzen erzeugt: „Die Hände gehören ans Steuer – außer beim Einparken“ (Ford). Oder kurze Aussagen in Headlineform wie Merksätze in unseren Kopf stempelt: „Der Anspruch von morgen“ (BMW – Kampagne zum neuen 7er BMW).

„Wir machen das klar“: Content-Marketing

… ist die Anforderung an eine dritte Textart. Nicht werblich, aber doch dem Marketing zuzuordnen. Texte des Content-Marketing, Case-Studies, Whitepaper, Fachartikel, die doch einen Zweck haben: Den Kunden und Noch-nicht-Kunden zu umschmeicheln, mit Informationen zu versorgen und die Bindung an ein Unternehmen zu erhöhen oder aufzubauen. Keine Werbung. Aber verständlich müssen solche Texte sein. Denn wir brauchen Sympathie und Wohlwollen des Kunden. Wer Unverständliches verschickt, erzeugt das Gegenteil.

1. Was halten Sie davon?

Zum Einstieg geht's gleich richtig los … Der folgende Text ist ein Verkaufstext für einen Bürostuhl. Beurteilen Sie, was gut ist – und was erst nach einer General-Überholung beim potenziellen Käufer landen sollte. Ganz spontan. Der Lerneffekt: Wenn Sie ein Gespür für guten oder schlechten Text entwickeln, fällt auch das eigene Texten leichter. Also seien Sie nicht zögerlich – hier ist alles erlaubt: Anstreichen, durchstreichen, rumkritzeln. Genügend Platz finden Sie auch noch auf der nächsten Seite.

Kennen Sie schon unseren neuen Bürostuhl *feelseated*? Wenn nein, dann wird es höchste Zeit! Der neue *feelseated* ist absolut sensationell! Für den *feelseated* wurde ein extra komfortables Bürostuhlsitzpolster entwickelt, damit sich jeder Arbeitstag wie ein Tag im Paradies anfühlt - einfach himmlisch! Ihr Rücken wird so in wirbelsäulenverträglicher Form gehalten. Außerdem haben wir den *feelseated* durch das absolut innovative und von uns entwickelte PAVS (Power Air Ventilation System) noch angenehmer gemacht! Das preisgekrönte und weltbekannte Antischweißbelüftungssystem verhindert, dass Sie im Büro im eigenen Saft schmoren und sorgt dafür, dass Sie, auch wenn im Büro mal wieder eine Affenhitze herrscht und Ihnen der Chef schon wieder Feuer unter dem Hintern macht, trotz allem cool bleiben können. Keep cool mit dem neuen *feelseated* - gleich bestellen!

1. Fortsetzung

2. *Feelseated*: Kreative Schreib-Übungen

1. Spielen Sie mit dem Namen des Produkts. Schreiben Sie mindestens 20 Wörter und Wendungen auf, die ein Synonym für das Wort „Gefühl“ darstellen oder das Wort „Gefühl“ enthalten. Verwenden sie mindestens 15 davon in einem neuen Text.

20 Synonyme für „Gefühl“:

Ihr neuer Text:

2. Büro, Arbeit, Chef, Stress, Bürostuhl, Arbeitstag, Firma, Unternehmen ... Notieren Sie nun mindestens 40 Wörter rund um das Thema „Büro und Arbeitswelt“:

2. Fortsetzung

3. Sehr schön. Jetzt schreiben Sie einen neuen Text. Und verwenden Sie dabei keines dieser Wörter.

3. Der Werbetext und seine Erfolgsfaktoren

Bestimmt sind Ihnen zum *feelseated* einige positive, aber auch der ein oder andere negative Aspekt aufgefallen. Überlegen Sie sich jetzt: Was macht einen Werbetext wirklich erfolgreich? Wie überzeugen Sie den Leser in nur wenigen Seiten, zu bestellen oder mehr Infos anzufordern? Notieren Sie einfach Ihre Gedanken und Vorstellungen. Vergleichen können Sie Ihre Ideen dann mit der Checkliste auf der nächsten Seite. Aber nicht schummeln!

3. Der Werbetext und seine Erfolgsfaktoren

Checkliste für erfolgreiche Werbetexte

☑ Schreiben Sie kurz und klar: Kurze Sätze (14 bis 20 Wörter) in einfacher Sprache.

☑ Sprechen Sie den Kunden direkt an: Mehr „Sie", „Ihr", „Ihnen" und weniger „ich", „wir", „unser".

☑ Immer im Hinterkopf behalten: Es gibt 5 Motive, die den Leser leiten: Angst/Druck, Neugier, leserbezogene Vorteile/Nutzen, wenn er etwas Bekanntes entdeckt oder die Information schnell auswertbar ist.

☑ Stellen Sie sich beim Schreiben vor, Sie wollen einen Freund überzeugen, der die gleichen Interessen wie Ihre Zielgruppe hat.

☑ Führen Sie den Leser: in den Text und zur nächsten Reaktion.

☑ Sagen Sie dem Leser, was er tun soll: Bestellen Sie jetzt!

☑ Übersetzen Sie Produktmerkmale immer in konkrete Vorteile für den Leser: Was bedeutet dieser Vorteil in der Lebenswirklichkeit des Lesers?

☑ Schreiben Sie bildhaft und aktivieren Sie Ihren Leser: mit Sprachbildern und Metaphern.

☑ Formulieren Sie positiv und sagen Sie, was Ihr Produkt kann.

☑ Im Web schreiben Sie immer für zwei Zielgruppen: Leser und Suchmaschine.

Praxis-Tipp: Wie man Interesse schafft und das Geheimnis erfolgreicher Werbetexte

Newsletter, Postings, Werbung … Es gibt viele Texte, die wir lesen sollten, aber nur wenig Zeit, sich damit auseinanderzusetzen. Deswegen beschäftigen wir uns nur mit Werbematerialien, wenn bestimmte Voraussetzungen erfüllt sind: ein Motiv, das uns dazu bringt, die Information zu lesen und auszuwerten. Hier kommen die fünf Motive der Informationsaufnahme ins Spiel.

1. Angst oder Druck: Die Angst, etwas zu versäumen oder eine wichtige Information nicht zu kennen.
Tipp: Druck ist nur dann sinnvoll, wenn er von außen gesetzt wird und zum Beispiel durch Gesetzesänderungen oder Naturkatastrophen verursacht wird. Das ist erfolgversprechend, wenn Ihr Produkt die Lösung für diese „drückende“ Situation ist.

2. Neugier: Spannungsbogen zwischen Headline und Text: Ihr Leser muss unbedingt wissen wollen, wie es weitergeht!

3. Leserbezogene Vorteile/Nutzen: Starken Vorteil in der Headline erwähnen: Ihr Leser muss erkennen, dass er nur durch die Lektüre des Textes zu dem angesprochenen Vorteil gelangt.

4. Wir entdecken etwas Bekanntes: Kann Ihr Leser die Information aus der Headline mit etwas Bekanntem verknüpfen, ist die Chance groß, dass er weiter liest.
Tipp: Überlegen Sie, welche Gemeinsamkeiten Sie bei Ihren Lesern finden. Fühlen Sie sich in Ihre Zielpersonen hinein.

5. Die Information ist schnell auswertbar: Einfachheit lässt uns Texte schnell erfassen und auswerten. Je kürzer die Headline, desto „schneller“ ist sie.

4. Ordnen Sie die Motive zu

Die Voraussetzungen für einen gelungenen Verkaufstext kennen Sie jetzt. Doch erkennen Sie auch die verschiedenen Motive in unseren Beispielen? Wir haben für Sie einmal in Anzeigen, Mailings, Prospekten und auf Websites gestöbert:

Motiv: ______________________

Quelle: Hirmer

Motiv: ______________________

Quelle: www.rauchmelderpflicht.org

4. Fortsetzung

Motiv:

Quelle: Therme Bad Wörishofen

Quelle: Rossmann

Motiv:

4. Fortsetzung

Quelle: Briefodruck Fülle KG

Motiv: ______________________

Praxis-Tipp: 4 Headline-Techniken

Anschaulich, kurz, knackig und trotzdem aussagekräftig. Gar nicht so leicht, eine gute Headline zu texten. Denken Sie? Hier sind ein paar Tricks und Kniffe, wie Sie schnell und gut Headlines texten können.

1. Inhaltsangabe mit Turbo

Nehmen Sie den Text-Inhalt in der Headline kurz auf. Drei Punkte am Ende der Zeile führen in den nächsten Absatz. Tipp: Setzen Sie an den Zeilenanfang ein weiteres aktivierendes Element wie „neu“, „Neuerscheinung“ oder „kostenlos“. Zum Beispiel:

Neu: Das Shoptexter-Jahrbuch 2016 …

2. Die verblüffende Inhaltsangabe

Dieser Headline-Typ vereint drei aktivierende Impulse: ein verblüffendes Bild, die direkte Ansprache und die drei Punkte (…) am Ende. Lassen Sie Ihrer Fantasie freien Lauf …

So starten Sie mit Rückenwind in den Lesevorgang …

Sehr wirkungsvoll sind hier Sprachbilder. Also überlegen Sie: Lässt sich Ihr Produkt verwandeln? „Kochbuch“ wird zu „Meisterkoch“ – in einer Headline, die lautet:

Holen Sie sich einen Meisterkoch in die Küche …

Praxis-Tipp: Fortsetzung

3. Fragemechanik

Hier arbeiten zwei Überschriften zusammen: Headline Nr. 1 enthält eine vollständige Aussage, ein Wortspiel oder ist besonders kurios formuliert. Überschrift Nr. 2 führt gekonnt in den Text. Ein Beispiel:

All-in-one-System gesucht?
Hier wird jeder fündig ...

4. Leserfragen-Technik

Für Dialogmarketing-Headlines eine der beliebtesten Varianten. Mit dem Einstieg „So …" oder „Wie Sie …" sprechen Sie den Leser direkt an. Sie erwähnen einen Vorteil und machen damit neugierig! Leserfragen-Technik deshalb, weil zwischen Überschrift und dem Folgetext eine Frage im Kopf des Lesers erzeugt wird. Da die Antwort im Folgetext steckt, werden wir so in den Lesevorgang „gezogen".

So werden Sie Profi-Texter ...

(Frage im Kopf des Lesers: „Wie?" – auf der Suche nach einer Antwort liest er weiter.)

So könnte eine Headline nach der Leserfragen-Technik aussehen …

Ihr Textertipp

Weiterlesen! Wie Sie mit spannenden Teasern in den Text ziehen ...

In Internet, Zeitungen und E-Mails locken sie ständig: So genannte Teaser oder Anreißer stehen zu Beginn eines Textes und sollen Appetit auf mehr machen.

Das Ziel: Weiterlesen. Doch welche Arten von Teaser gibt es? Und wie muss man sie anwenden, um den Leser zu der gewünschten Reaktion zu führen? Die Antworten liefert Ihr Textertipp.

» Zum Textertipp

Staunen oder führen: Zwei Headline-Typen aus der Werbung

In der Werbung unterscheiden wir zwei große Werbewege: die klassische Werbung und das Dialogmarketing. Diese Unterscheidung zeigt sich auch bei den Headlines.

Dialogmarketing-Headline vs. Klassische Headline

Die Dialogmarketing-Headline motiviert den Leser, den Rest des Textes zu lesen. Sie baut Spannung auf durch unvollständige Informationen.

Wie Sie reich werden, ohne zu arbeiten …
So schaffen Sie es in 10 Schritten!

Die klassische Headline hingegen nutzt mehr Sprachspielereien, ist auch ohne den Folgetext verständlich, da sie eine vollständige Aussage präsentiert.

Der neue Passat. Luxus, an den man sich schnell gewöhnt.

5. Headlines: Einstiege in den Text

Quelle: The Newswheel – Opel Monza

Schickes Auto, oder? Der Opel „Monza Concept“ wurde 2013 auf der IAA als „Zukunftsvision“ von Opel vorgestellt. (Traurig für alle Fans: Er ging nie in Serie. Oder noch nicht …). Gut für Sie: Beim Anblick eines so schicken Flitzers klappt das Headline-Texten doch wie von selbst! Denn jetzt sind Sie dran: Texten Sie Headlines für die auf Seite 16 genannten Motive. Sie brauchen ein Beispiel? So könnte eine Headline zum Motiv Angst/Druck aussehen:

„Nur noch bis 20. Mai: Probe fahren und Vorteilspreis sichern"

Schnell auf die nächste Seite flitzen! Da wartet die Aufgabe auf Sie …

5. Fortsetzung

Los geht's:

Headline für das Motiv Angst:

Headline für das Motiv Neugier:

Headline für das Motiv Vorteil/Nutzen:

Headline für das Motiv, etwas Bekanntes zu entdecken:

Headline für das Motiv, die Information schnell auszuwerten:

6. Headlines gesucht!

Quelle: Milka

Ein Beispiel für eine zart-knackige Headline von Milka.

Jetzt haben Sie schon einmal eine Idee, wie schokoladig-süße Headlines für Milka-Produkte aussehen. Auf den nächsten beiden Seiten können Sie Ihr Glück selbst versuchen. Denken Sie sich für jede Abbildung zwei bis drei gute Headlines aus. Achten Sie darauf, dass Ihre Headlines knackig, überraschend oder überzeugend sind – am besten alles auf einmal.

Sollte Ihnen nichts Pfiffiges einfallen: einfach ein paar Seiten zurückblättern. Unsere Praxistipps für Headlines helfen Ihnen bestimmt weiter.

6. Fortsetzung

Quelle: Milka

Ihre Headlines:

Ein kleiner Hinweis in eigener Sache: Schicken sie uns, wenn Sie möchten, Ihre Text-Ideen gerne für unseren Texterclub-Fundus. Diese werden natürlich nur in Absprache mit Ihnen veröffentlicht. In erster Linie sind wir einfach neugierig, zu welchen kreativen Ergebnissen Sie kommen. Einfach Mail an: info@texterclub.de schicken.

6. Fortsetzung

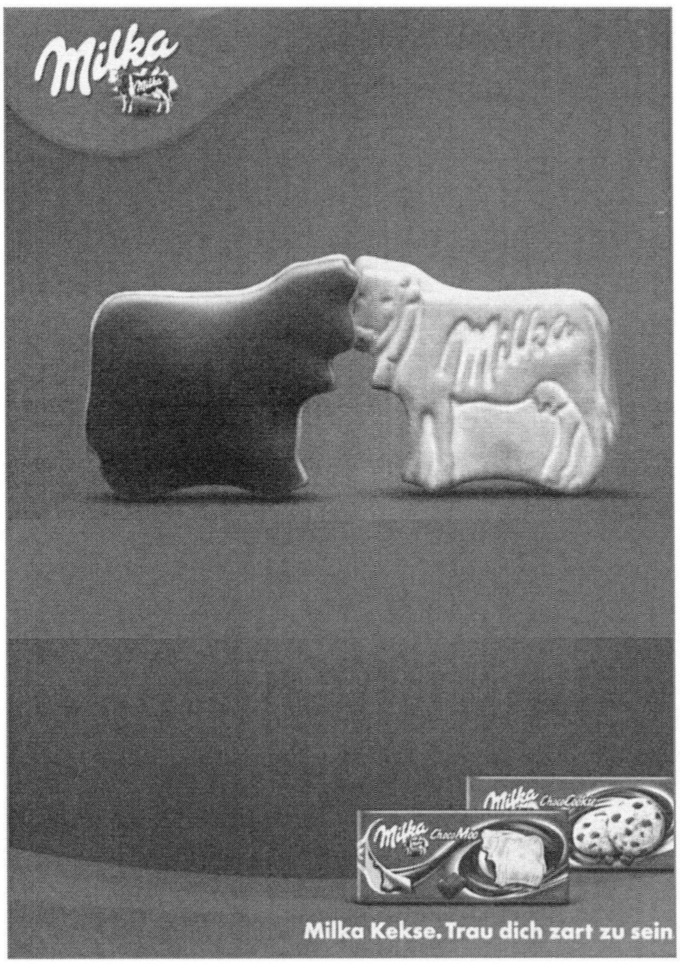

Quelle: Milka

Ihre Headlines:

6. Fortsetzung

Quelle: Milka

Ihre Headlines:

Headline vs. Slogan vs. Claim

Was ist was?
Wie gute Headlines funktionieren, wissen Sie jetzt. Doch was ist eigentlich der Unterschied zwischen Headline, Slogan und Claim?

Es sind nur ein paar Worte. Und doch stellen sie mit dem Logo die Basis der Marke dar: **Claims** stehen für die Ziele und Hauptaufgaben eines Unternehmens. Sie bestehen aus kurzen, oft emotionalen Phrasen, die die Wiedererkennung der Marke erhöhen. Und die Position der Marke kommunizieren.

Oft werden Claims und **Slogans** miteinander gleichgesetzt. Aber es gibt sehr wohl Unterschiede: Claims sind stärker auf die Marke an sich bezogen, während Slogans je nach Kampagne variieren können oder sich auf die Marke beziehen („Ritter Sport Goldschatz …").

Anschaulicher wird's mit einem Beispiel. Der Claim stellt die Besonderheiten des Produktes oder einer Marke in den Vordergrund: „**Quadratisch. Praktisch. Gut.**" So passt die Schokolade in jede Sportjacken-Tasche (daher auch der Markenname: „Ritter" nach der Erfinderin Clara Ritter und eben „Sport"). Der Slogan „**Ritter Sport Goldschatz. Mit edlem Trinitario Kakao.**" stellt den Produktbezug her.

Headlines von Ritter Sport gibt es hingegen viele. „**Es ist nicht alles Kö was glänzt**" war etwa eine Plakat-Head am Düsseldorfer Bahnhof. Analog gab es Headlines mit regionalem Bezug in anderen Städten.

Quelle: www.ritter-sport.de

7. Texten Sie Slogans und Headlines mit regionalem Bezug

Hilfe! Hier fehlen noch Slogans und Headlines. Betexten Sie die Plakate – passend für Ihre eigene Heimatstadt!

Headline →

Slogan →

Headline →

Slogan →

Quelle: www.ritter-sport.de

8. Claims von A-Z

Sie können jetzt Claims von Slogans unterscheiden. Das ist wichtig. Wichtig für Sie als Texter ist aber auch, viele Claims zu kennen. Denn so wissen Sie, was gut ankommt und was Sie Ihrem Chef lieber nicht auf den Schreibtisch legen. Wie steht es mit Ihrem Wissen um Claims? Kennen Sie für jeden Buchstaben des Alphabets einen? (Die Buchstaben X und Y dürfen Sie auslassen.)

Beispiele für A: „Aral. Alles super." (Aral)
„Alles, was ein Bier braucht." (Clausthaler)

Tipp: Wenn Ihnen nicht direkt zu jedem Buchstaben etwas einfällt, ist das nicht weiter schlimm. Lassen Sie sich ruhig etwas Zeit … Die besten Ideen kommen oft, wenn man gar nicht damit rechnet: in der Dusche, beim Autofahren, nachts ...

A Aral. Alles super.

B ____________________

C ____________________

D ____________________

E ____________________

F ____________________

G ____________________

H ____________________

I ____________________

J ____________________

K ____________________

8. Fortsetzung

L

M

N

O

P

Q

R

S

T

U

V

W

Z

9. Raum für Kreativität: Texten Sie Slogans

Und weil das Texten toller, lustiger und pfiffiger Werbesprüche so viel Spaß macht, kommt jetzt noch eine Aufgabe für Sie, bei der Sie neue Slogans entwickeln dürfen. Blicken wir in die deutsche Hauptstadt Berlin. Hier hat die Stadtreinigung den einfachen Claim „Wir bringen das in Ordnung." Echte Muntermacher sind dagegen die Slogans. Mit Aussagen wie „We kehr for you" auf Müllautos, Plakaten und Kehrmaschinen bringen sie täglich viele Berliner zum Lachen. Auf den folgenden zwei Seiten dürfen Sie sich treffende Slogans zu den einzelnen Bild-Motiven ausdenken. Viel Spaß!

Der erste und mittlerweile auch bekannteste Slogan.

Quelle (Seite 33-36): www.bild.de

9. Fortsetzung

Der passende Slogan:

Der passende Slogan:

9. Fortsetzung

Kleine Hilfestellung für Ihre Kreativität: Der erste Slogan auf einem Mülleimer.

Ihr Slogan:

9. Fortsetzung

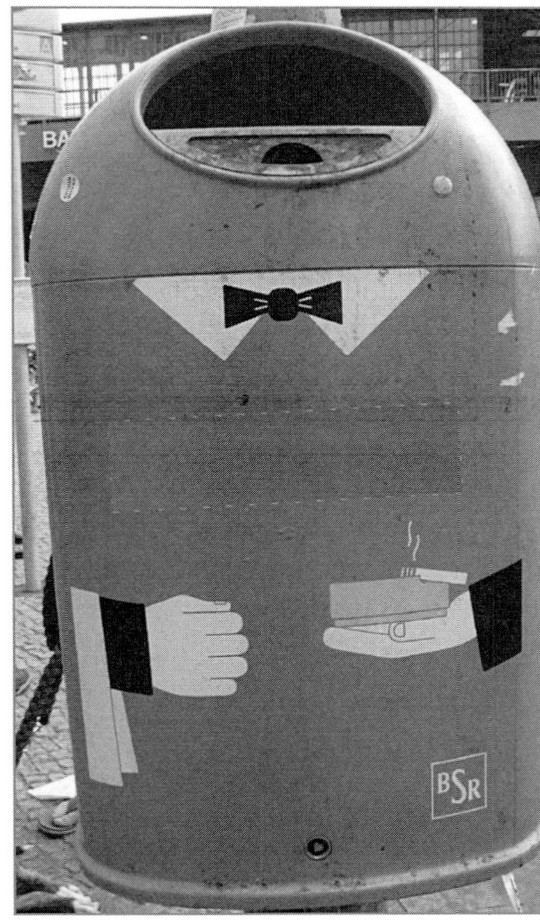

Ihre Slogans:

Alles andere als unwichtig: Der Text-Ausstieg im Dialogmarketing

Sie haben eine interessante Headline. Die zieht Ihren Leser in den Text. Er liest bis zum Ende. Und dann: Kein passender Ausstieg aus dem Text. Der potenzielle Käufer weiß nicht, was er tun soll, wo er Ihr Produkt kaufen kann. Doch die Aufforderung zur Reaktion ist wichtig, weil sie dem Kunden sagt, was er als nächstes zu tun hat. Drei Arten eines gelungenen Text-Ausstiegs sollen Ihnen dabei helfen:

In der Response-Aufforderung ...

... sagen Sie ganz konkret, was der Leser tun muss, um die Vorteile zu bekommen.
... sprechen Sie den Leser direkt an mit „Sie“, „Ihnen“, oder „Ihr“ als Stellvertreter für seinen Namen.
... platzieren Sie gut sichtbar die Kontaktmöglichkeiten für den Kunden.

Ein PS in Briefen oder Mail-Newslettern ...

... wird oft als erstes gelesen, da es ein kürzerer Absatz ist. Das menschliche Gehirn nimmt die Infos, die am schnellsten auszuwerten sind.
... kann eine Kaufaufforderung enthalten.
... kann einen Vorteil nochmals betonen oder den Hauptvorteil hervorheben.
... kann einen Zusatzvorteil, der zum Weiterlesen motiviert, enthalten.

Führungsfloskeln online

Auch in Teasern oder Postings geht‘s um Führung. Als Standard haben wir uns an „mehr“ oder „weiter“ gewöhnt. Doch hier ist weit mehr möglich.

- Sinntragende Führungsfloskeln wie „zur Buchung“ oder „zum Traumhaus“ verraten, was kommt. Fürs Web idealerweise mit Keywords, um Google zu bedienen.
- Auch Vorteile wie „Jetzt 20 % sparen“ oder Aufforderungen wie „Gleich ausprobieren“ führen weit stärker als „mehr“ oder „weiter“.

Fortsetzung

Ein gelungenes Beispiel für einen Textausstieg sehen Sie hier:

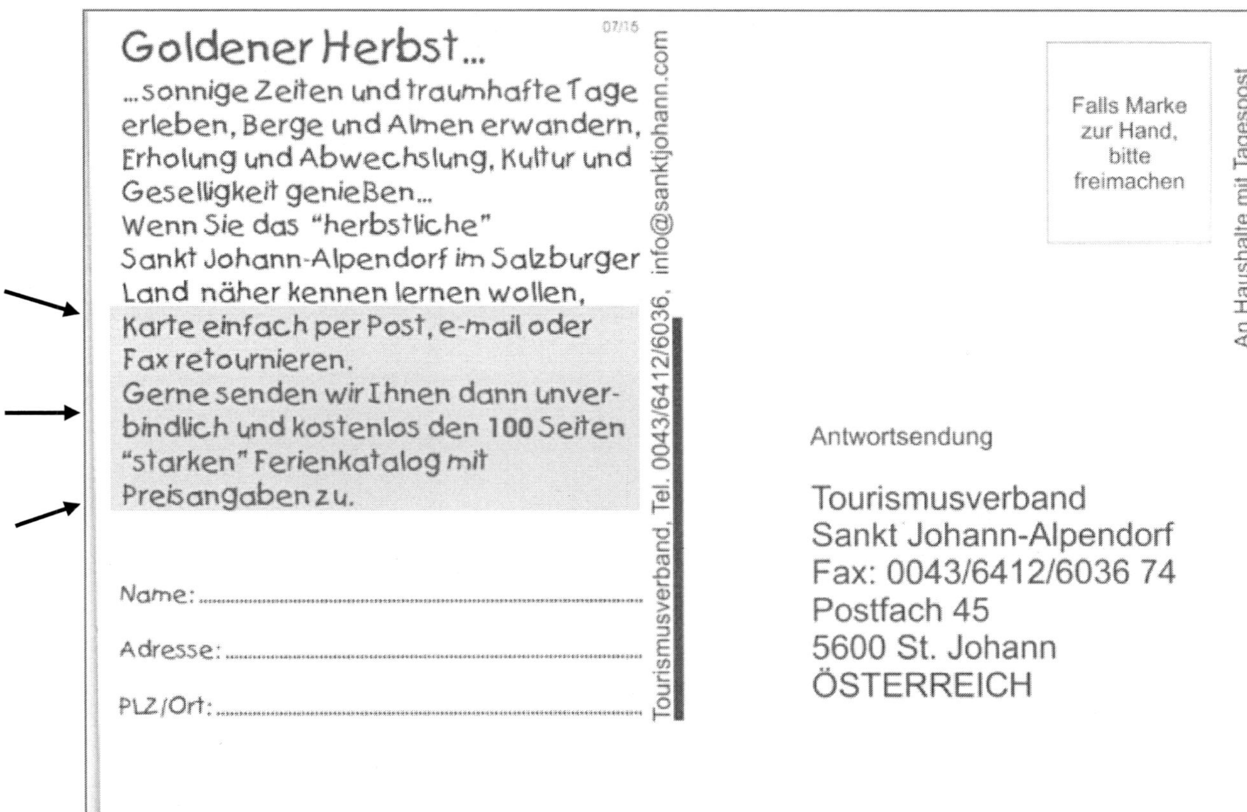

07/15

Goldener Herbst...

...sonnige Zeiten und traumhafte Tage erleben, Berge und Almen erwandern, Erholung und Abwechslung, Kultur und Geselligkeit genießen...
Wenn Sie das "herbstliche" Sankt Johann-Alpendorf im Salzburger Land näher kennen lernen wollen, Karte einfach per Post, e-mail oder Fax retournieren.
Gerne senden wir Ihnen dann unverbindlich und kostenlos den 100 Seiten "starken" Ferienkatalog mit Preisangaben zu.

Name: ....

Adresse: ....

PLZ/Ort: ....

Tourismusverband, Tel. 0043/6412/6036, info@sanktjohann.com

Falls Marke zur Hand, bitte freimachen

An Haushalte mit Tagespost

Antwortsendung

Tourismusverband
Sankt Johann-Alpendorf
Fax: 0043/6412/6036 74
Postfach 45
5600 St. Johann
ÖSTERREICH

Quelle: Tourismusverband Sankt Johann-Alpendorf

Der Tourismusverband Sankt Johann-Alpendorf platziert passend zum Thema Berg-Urlaub per Postwurfsendung eine Postkarte im Briefkasten. Der hervorgehobene Abschnitt zeigt einen besonders gelungenen Textausstieg. Bis auf Brieftauben werden wohl alle möglichen Wege genannt, um die Postkarte zurückzuschicken. Der Leser weiß genau was er zu tun hat, um den Ferienkatalog zu erhalten.

10. Formulieren Sie Text-Ausstiege

Bei diesem Werbetext fehlt der Ausstieg. Ihre Aufgabe: Schreiben Sie eine Response-Aufforderung für ein gelungenes Ende des Textes.

Mehrmals im Monat sind Sie per Mietwagen zu Geschäftsterminen unterwegs. Der Beruf will es so. Doch Ihr Gewissen sagt - nein ruft - etwas ganz anderes: Denk doch mal an die Umwelt! Mit steigendem Kilometerstand wachsen auch Ihre Gewissensbisse ... aber was tun? Wie wäre es, wenn Sie Ihren Chef und Ihr Gewissen glücklich machen könnten?

Mit dem neuen Ecomobil 700 schaffen Sie's! Dieser Hybridwagen vereint Leistung und grüne Energie. Das Ecomobil ist das erste Auto, das im E-Betrieb eine Reichweite von 500 Kilometern hat! Danach können Sie den Akku an einer normalen Steckdose innerhalb einer Stunde wieder aufladen - das dauert gerade so lange wie Ihr Geschäftstermin. Und falls Ihre Strecke doch länger sein sollte, dann kommt der extrem sparsame Benzin-Verbrauch von 0,6 Litern pro 100 Kilometer zum Einsatz. Sagen Sie Tschüss zu teuren Benzinpreisen! Sagen Sie Tschüss zum schlechten Gewissen!

Wie klingt Ihre Aufforderung, künftig das Ecomobil zu mieten?

11. Wie steht's um Ihre eigenen Text-Ausstiege?

Kontrollieren Sie jetzt Ihre eigenen Werbemittel. Fehlen die Aufforderungen zur Reaktion? Sind sie gut oder schlecht? Texten Sie gegebenenfalls neue Text-Ausstiege, die zu Ihrem Produkt passen!

12. Reizwortgeschichte

Kommen wir zu einer altbewährten, noch immer äußerst hilfreichen Technik für gutes Schreiben: der Reizwortgeschichte. Meist sind nur wenige Wörter in Ihren Verkaufstexten von entscheidender Bedeutung. Sie entscheiden über Erfolg oder Misserfolg des Textes. Was geschieht, wenn man sich auf drei Begriffe fokussiert, lernen Sie in der nächsten Aufgabe: Schreiben Sie eine Reizwortgeschichte zu den Wörtern „Angst – Keller – Katze“. Einfach drauf los schreiben, nicht an Formulierungen aufhängen, alle Gedanken sprudeln lassen … Umfang? Diese Seite.

12. Fortsetzung

Was fällt auf, wenn Sie sich auf drei konkrete Wörter konzentrieren? Was könnte der Nutzen sein, den Sie daraus ziehen? Wie können Sie die Methode in Ihren Schreib-Alltag integrieren?

Überlegen Sie jetzt, welche Wörter in Ihren Verkaufstexten die Hauptrolle spielen. Welche Wörter sollten tatsächlich die Reizwörter sein?

13. Assoziations-Aufgabe

Assoziationen wecken Bilder. Und Bilder sind wichtig, vor allem bei uns Textern. Denn bildhafte Sprache lässt Geschichten vor dem geistigen Auge erscheinen. Ihre Aufgabe: Charakterisieren Sie mit drei treffenden Wörtern die Länder „Amerika", „Italien" und „Frankreich". Aber machen Sie es sich nicht zu einfach. Statt Städtenamen aufzulisten, umschreiben Sie lieber bildhaft: „Gutes Bier. Kartoffeln. Angela Merkel." Um welches Land es hier geht, haben Sie sicher schon erkannt.

Amerika:

Italien:

Frankreich:

14. Vom Roh- zum Reintext

Texten ist ein Prozess – man braucht meist mehrere Stufen, um zum Reintext zu kommen. Bis Sie am Ziel sind, werden Sie Ihren Text immer wieder überarbeiten. Auf der nächsten Seite finden Sie die **Checkliste Redigieren**. Schauen Sie sich die Tipps gut an, gleich dürfen Sie selbst den Rotstift zücken! Los geht's: Redigieren Sie diesen Geschäftsbrief.

IMMERHIN
Sensitiv
GmbH

Petra Müller
An der Leite 5
77777 Mustertown

20. Oktober 2015

Sehr geehrte Frau Müller,

wir nehmen Bezug auf Ihre gestrige Informationsanforderung und danken Ihnen für Ihr Interesse. Die IMMERHIN Sensitiv GmbH zeichnet sich seit über 15 Jahren durch sensitive Wasch- und Bad-Innovationen aus.

Wie gewünscht übersenden wir Ihnen in der Anlage das angeforderte Informationsmaterial. Auch wollen wir Ihnen den IMMERHIN Produktprospekt nicht vorenthalten.

Bei Interesse für den neuen IMMERHIN Flauschgenerator beachten Sie, dass die Lieferzeit in der Regel mindestens vier bis fünf Wochen beträgt, sonstige Lieferzeiten entnehmen Sie bitte unserer neuen Webseite.

Sollten Sie noch weitere Fragen haben, stehen wir zu unseren üblichen Geschäftszeiten montags bis freitags von 9 bis 17 Uhr zur Verfügung. Beachten Sie jedoch auch die FAQs im Internet.

Wir würden uns über eine Auftragserteilung sehr freuen und verbleiben in Erwartung einer positiven Rückantwort.

Mit freundlichen Grüßen

IMMERHIN Sensitiv GmbH
Johanna E. Immerhin

Alles auf einen Blick: Checkliste Redigieren

1. Kontrollieren Sie Satzlängen!
Unterringeln Sie Sätze mit mehr als 14 Wörtern.

2. Kennzeichnen Sie Personal- und Possessivpronomen!
Wie persönlich ist Ihr Text? Und wo lässt sich ***ich*** / ***wir*** / ***uns*** / ***unser*** in ***Sie*** / ***Ihr*** / ***Ihnen*** verwandeln? Kennzeichnen Sie jeweils mit roten und grünen Kreisen.

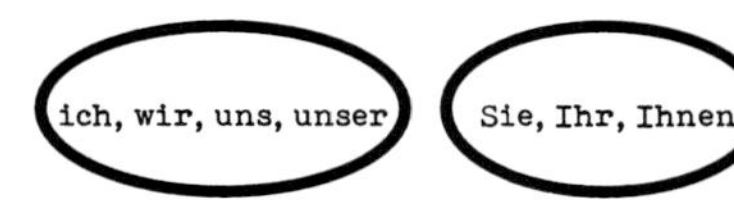

3. Kontrollieren Sie Wortlängen!
Markieren Sie 5-silbige und längere Begriffe.

4. Kontrollieren Sie Fremdwörter und Fachbegriffe!
Kennzeichnen Sie firmeninternen Jargon, Fachsprache und Fremdwörter.

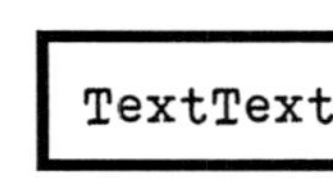

5. Kontrollieren Sie Trend- und Modewörter!
Markieren Sie alle Begriffe, die Ihre Zielgruppe nicht mühelos versteht.

6. Kennzeichnen Sie den Nominalstil!
Unterstreichen Sie Wörter, die mit *-ung, -keit, -heit, -ät, -ion, -ive, -ismus* enden.

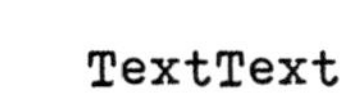

7. Streichen Sie Hilfsverben!
können, möchten, müssen, dürfen, wollen, sollen, würden

8. Kennzeichnen Sie negative Begriffe!
Markieren Sie *kein*, *nicht*, *nein* und die Vorsilbe *un-*.

9. Kontrollieren Sie Floskeln und Unwörter!
Kennzeichnen Sie leere Worthülsen, Floskeln und verbotene Begriffe aus Ihrer „Unwort"-Liste.

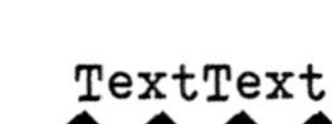

10. Kennzeichnen Sie Passiv-Konstruktionen!
Markieren Sie passive Formulierungen mit *wird* und *werden*.

15. Formulieren Sie positiv

Weil wir immer erst an das Negative denken, heißt es jetzt „Umdenken im Kopf“ … Formulieren Sie die folgenden Wörter positiv.

ungewöhnlich → ______________________

kein Problem → ______________________

sorgenlos → ______________________

unfallfrei → ______________________

Mit uns kommen Sie durch den Winter, ohne auf die Nase zu fallen. →

____

kein Frosch sein → ______________________

unverwüstlich → ______________________

Kein Sommer ohne Hitzewelle. → ______________________

nicht rechtzeitig → ______________________

nicht schwer → ______________________

16. Dirigieren mit Satzzeichen

Was ein Komma alles ausmachen kann, sehen Sie in dem Beispiel.

Kunden denken, Unternehmen schreiben oft keine guten E-Mails.
Kunden, denken Unternehmen, schreiben oft keine guten E-Mails.

Derselbe Satz ändert sich komplett in seiner Bedeutung durch Umstellen des Kommas. Doch nicht nur Kommas, auch andere Satzzeichen können eine große Macht bezogen auf die Satz-Aussage haben.

Deshalb: Setzen Sie bei den folgenden Sätzen unterschiedliche Satzzeichen. Wie verändert sich so die Wirkung der Texte?

Komm wir essen Opa

Komm wir essen Opa

Lehrer sagen Die Schüler haben es gut

Lehrer sagen die Schüler haben es gut

Die Hochzeit ist geplatzt Er wollte sie nicht

Die Hochzeit ist geplatzt Er wollte sie nicht

Der brave Mann denkt an sich selbst zuletzt

Der brave Mann denkt an sich selbst zuletzt

Fallen Ihnen noch mehr Beispiele ein?

Teaser: Tuning für Ihre Texte

Eine kurze Definition:
Teaser sind Schlagzeilen, die den Leser ursprünglich zum Öffnen der Briefhülle (engl.: to tease = reizen, necken) und damit zum Lesen eines Mailings veranlassen sollten. In der Werbesprache wird der Teaser für hinführende, aktivierende Anreißer-Texte verwendet.

Drei Grundtypen für Teaser:

1. Der klassisch-werbliche Teaser oder Anreißer nach dem Cliffhanger-Prinzip
Er baut Spannung und Motivation auf und verrät nur eine Teil-Information. Kennzeichen: starke Führung!

```
Neue Chancen, neues Glück
Bei Lotto Müller sorgt eine neue Regel für satte Gewinne.
Warum sich Spieler darauf freuen, lesen Sie hier. (Mehr)
```

2. Werblicher Teaser mit Orientierung an den gedachten Leserfragen
Beantwortet in Kurzform drei gedachte Fragen des Lesers: „Warum soll ich das lesen?“, „Welche Vorteile habe ich?“, „Was soll ich tun?“

Der Textertipp im Juli

Strecken und kürzen: 10 Gymnastik-Übungen für Ihre Texte

Sie kennen das sicher: Ihr Text ist fertig – und plötzlich heißt es „zu lang“ oder „zu kurz“. ← Warum soll ich das lesen?

Genau da kommt Ihr heutiger Textertipp ins Spiel. Denn der hat 10 Gymnastik-Übungen im Gepäck, mit denen Sie Ihre Texte ganz einfach in Form bringen: Fünfmal dehnen und fünfmal kürzen. ← Welche Vorteile habe ich?

» Zum Textertipp ← Was soll ich tun? (Besser wäre hier eine Aufforderung wie „Gleich ausprobieren: zum Textertipp!")

3. Der journalistische Anschreiber
Er baut sich um die klassischen W-Fragen herum auf: Wer, was, wann, warum, wen betrifft das? Kennzeichen: vollständige Info! Hier ein Beispiel:

Persönliche Daten veröffentlicht

Sony Pictures einigt sich nach Hackerangriff mit betroffenen Mitarbeitern

Weil ihre persönlichen Daten beim spektakulären Hackerangriff auf Sony Pictures öffentlich wurden, hatten Mitarbeiter die Filmfirma verlagt. Jetzt hat sich der Konzern mit einigen Betroffenen geeinigt. mehr...

Quelle: Süddeutsche Zeitung, 03.09.2015

17. Schreiben Sie einen Teaser

Das neue Waschmittel „Reinefix“ der Firma Superwasch GmbH ist Testsieger bei der Stiftung Warentest (geeignet für Allergiker, reinigt schon ab 20 °C, für Weißes und Buntes, mit Aloe Vera, Tensiden, Wasserenthärtern, Enzymen, Bleichmitteln und Entschäumern). Das Beste: Superwasch hat es geschafft, dass die Trikots der deutschen Fußball-Nationalmannschaft nur mit Reinefix gewaschen werden. Und das Unternehmen darf sogar damit werben. Nun soll das Internetportal aufgebaut werden – starke Texte müssen her!

Ihre Aufgabe: Schreiben Sie Teaser für „Reinefix“. Einmal im Stil des journalistischen Anschreibers und je einmal als werblichen Anreißer nach der Cliffhanger- und nach der Leserfragen-Technik. Alle Infos, die Sie dazu brauchen, finden Sie in der Produktbeschreibung oben.

Journalistischer Anreißer:

Werblicher Teaser (Cliffhanger):

Werblicher Teaser (Leserfragen):

18. Argumentieren Sie richtig!

Ein guter Werbetext zeigt dem Kunden, welchen Nutzen ein bestimmtes Produktmerkmal für ihn oder sie hat. Wie das geht? Dafür müssen Sie die Vorteile konkret in Nutzen übersetzen. **Tipp:** Eine gute Hilfe ist die einfache Formulierung „Das bedeutet für Sie ..."

Sie lernen jetzt Frau Müller kennen. Frau Müller ist verheiratet, hat 4 Kinder und einen Hund. Da sind also 12 Füße plus 4 Pfoten in Frau Müllers Haus, die Dreck machen. Aus diesem Grund möchte sich Frau Müller einen Saugroboter kaufen. Und jetzt sind Sie dran – überzeugen Sie Frau Müller, den Saugroboter 3000 zu kaufen: Wandeln Sie die Produktmerkmale des Saugroboters in leserbezogenen Nutzen um. Wichtig: Übersetzen Sie den Produktvorteil nicht nur auf der ersten, sondern auch auf der zweiten und dritten Ebene.

Ein Beispiel: Produktmerkmal		Das bedeutet für Sie ...		Das bedeutet für Sie ...
25 % längere Laufzeit	⇨	Komplette Reinigung ohne den Akku nachzuladen	⇨	Zeitersparnis für den Käufer

Die Produktmerkmale:

- Staubbehältervolumen ca. 1,0 l
- 5 verstellbare Fallsensoren
- Saugt Hartböden und Kurzflor-Teppiche
- 25 % längere Laufzeit: 80 Minuten
- Gründliche Reinigung durch 4-Stufen-Reinigungsprogramm
- Gratis dazu: Ersatzfilter und Ersatzbürste

Auf der nächsten Seite finden Sie Platz, um aus jedem Merkmal einen kundenbezogenen Nutzen zu entwickeln.

18. Fortsetzung

Merkmal		Vorteil		Nutzen
	⇨		⇨	
	⇨		⇨	
	⇨		⇨	
	⇨		⇨	

Denken Sie daran: Nutzen bringen Merkmale in die Lebenswelt des Lesers.
Sie stellen persönliche Relevanz her – und eignen sich hervorragend als Headline oder Einstieg.

19. Aktivierende Verben

Das Wort „sagen" ist ein beliebtes Verb. Allerdings mitunter auch etwas langweilig. Suchen Sie ähnliche Begriffe – und erwecken Sie damit Ihre Sätze zum Leben. Kleiner Anreiz: Im Synonymwörterbuch finden Sie über hundert Synonyme. Los geht's: äußern, erklären, verlautbaren, plappern …

Nun können Sie Ihre gefundenen Synonyme gleich mal ausprobieren. Ändern Sie die folgenden Sätze ab und verleihen ihnen so mehr Pep. Hier kommt das Stichwort „Tonalität" ins Spiel. Wie sagen Sie's freundlicher, mysteriöser, marktschreierischer? Schnell werden Sie merken: Indem Sie nur ein Wort – hier das Verb – austauschen, kann sich die komplette „Stimmung" Ihrer Aussage verändern.

Moritz sagt dem Mädchen auf der Straße seinen Namen ins Ohr.

Sie sagt, dass sie Bücher nicht so gerne hat, die schon beim Titel sagen: Ich bin langweilig.

Der Lehrer sagt, dass die Schüler leise sein sollen.

Praxis-Tipp: Lebendige Verben

Ein Ziel Ihrer Texte sollte klar sein: Sie wollen das Kopfkino Ihrer Leser aktivieren. Bildleere Substantive oder umständlicher Nominalstil helfen da recht wenig. Oder läuft in Ihrem Kopf bei Wörtern wie „Intensivierung“ oder „Sichtbarmachung“ ein Film ab?

Tipp: Verben machen Texte lebendig und transportieren so die Aussage besser!

Der folgende Text ist (ein zugegeben überspitztes) Paradebeispiel dafür, was bürokratischer Nominalstil aus einer eigentlich spannenden Story machen kann.

Hänsel und Gretel auf Amtsdeutsch.

Ein Förster, dem seine Arbeitsstelle abhanden kam, bewohnte zusammen mit seiner Lebensgefährtin und seinen zwei leiblichen Kindern Hänsel (12) und Gretel (10), beide aus erster Ehe stammend, ein Eigenheim in der Wohnsiedlung, die unmittelbar an den Staatsforst grenzt. Die wirtschaftliche Lage der Familie hatte sich im Laufe mehrerer Jahre so verschlechtert, dass der Familienvater seine Existenz sowie die seiner Familie bedroht sah. Zudem hatte im selben Zeitraum eine drastische Erhöhung der Lebenshaltungskosten zu einer Eskalation der existenziellen Kalamitäten geführt. Diese und die Tatsache, dass weder Sozialhilfe noch Kindergeld ausreichten, um der Familie einen angemessenen Lebensstandard zu sichern, hatten zu einem kriminellen Entschluss geführt, der insbesondere vonseiten der nicht leiblichen Stiefmutter der beiden Minderjährigen initiiert wurde. Nach deren Plan sollten die Kinder an einer dazu geeignet scheinenden Stelle im Staatsforst vorsätzlich ausgesetzt und ihrem Schicksal überlassen werden.

Quelle: Gerald Jaxtheimer, www.musikunterricht-muenchen.de/wissen-parodie-t.htm

20. Ausstieg: Der letzte Eindruck bleibt.

Zeit für ein bisschen Abwechslung: Der Endspurt in Brief und E-Mail

Klar, gewisse Floskeln benutzen wir alle in Briefen und E-Mails. Wahrscheinlich haben Sie Ihre letzte E-Mail mal wieder mit den üblichen „freundlichen Grüßen" beendet? Bringen Sie ein bisschen Schwung in Ihre Floskel-Schublade und variieren Sie ab und zu. Fangen Sie gleich an und finden Sie Alternativen für:

1. „… stehen wir Ihnen gerne zur Verfügung"
2. „Mit freundlichen Grüßen"

21. Wie Wörter und Wendungen wirken - eine Rangfolge

Bildhaft, bildnah oder bildleer: Die Art und Weise, wie Wörter „aufgeladen“ sind, entscheidet über den Erfolg Ihrer Werbebotschaften. Je nach Klang und Aussage wirken sie in verschiedenen Arealen des Gehirns. Und setzen so unterschiedliche Impulse. Welcher Ausdruck bekommt wohl mehr Aufmerksamkeit: „Aktivierende Sprache“ oder „Tigersprache“? Ganz genau: „Tigersprache“.

1. Sehr starke Wirkung: Bildhafte Wörter und Wendungen, die starke Emotionen auslösen (starke Lust/Unlust in jeder Ausprägung). Zum Beispiel „Fels in der Brandung" oder „für jemanden durchs Feuer gehen"

2. Starke Wirkung: Bildhafte Wörter und Wendungen, die weniger emotional sind, jedoch Bewegung oder Handlung im weitesten Sinne auslösen. Zum Beispiel „wie Hund und Katz" oder „Topfschlagen im Mienenfeld".

3. Mittlere Wirkung: Bildhafte Wörter und Wendungen. Zum Beispiel „schlendern" oder „torkeln" statt „gehen".

4. Weniger starke Wirkung: Abstrakte Begriffe – und nicht-bildhafte Wörter und Wendungen. Zum Beispiel „zuverlässig sein" oder „Treue".

Ihre Herausforderung: Suchen Sie Wendungen, Nomen und Verben rund ums Thema Essen. Wie viele finden Sie? Aktivieren Sie Ihre grauen Zellen – natürlich ohne Google und Co. Schnell werden Sie merken, dass jedes Wort/jede Wendung eine andere Wirkung hat.

1. Wendungen rund ums Essen:

einen Bärenhunger haben, ...

21. Fortsetzung

2. Nomen rund ums Essen:

Mordshunger, ...

3. Verben rund ums Essen:

mampfen, ...

22. Mit allen Sinnen texten

Emotional schreiben – das ist gar nicht so leicht! Die Frage: Wie bekommt man mehr Gefühl in den Text?

Ein Tipp: Nutzen Sie „Fühl-Wörter"! Was wir sehen, riechen, hören, schmecken oder anfassen, entsteht vor unseren Augen und lässt uns Gefühle empfinden. Daher sind diese Wörter besonders geeignet, um den Leser emotional zu erreichen. Ein Beispiel gefällig? In Katalogen ist ein Pullover …
wohlig weich, seidenweich, anschmiegsam …

Denken Sie sich einige Fühl-Wörter für folgende Begriffe aus:

Zitrone

Gitarre

gefütterte Winterstiefel

3 Wochen alter, stinkender Fisch

23. Die Macht von Wortwelten

Wenn „die rechte Hand des Generals am Fuß des Berges den Kopf der Expedition trifft“ – dann wirkt dieser Satz nicht nur überladen, die genannten Sprachbilder haben auch eines gemeinsam: Sie gehören in die Wortwelt „Der menschliche Körper“. Wortwelten sind thematisch geordnete Sprachbilder, die einen Film im Kopf Ihrer Leser anregen. Zu diesen Sprachbildern gehören bildhafte Wörter („der Kopf“, verstanden als Anführer wie in „Kopf der Expedition“), aber auch Redewendungen („das hat Hand und Fuß“) und manchmal so genannte sprichwörtliche Redensarten oder Sprichwörter („Morgenstund hat Gold im Mund!“).

Wie gut Sprachbilder in der Werbung wirken, zeigt „Ben und Jerry‘s“ immer wieder. Und weil Wortwelten so gut funktionieren, wartet auf der nächsten Seite noch gleich eine schöne Aufgabe auf Sie.

Quelle: Ben & Jerry‘s

23. Fortsetzung

Treffend zu texten ist schwer. Es sei denn, Sie „wissen wie der Hase läuft“. Vielleicht sind Sie ja schon „ein ganz hohes Tier“ in dem Bereich? Oder sind Sie gar „das Flaggschiff“ Ihres Unternehmens und „schwimmen auf der Welle des Erfolgs“? Trotzdem können Sie Ihre Fähigkeiten bestimmt noch verbessern – zum Beispiel mit dieser Kreativtechnik.

Haben Sie Ihre Aufgabe schon erraten? Suchen Sie Redewendungen, Metaphern und Ähnliches zu den beiden Wortwelten „Seefahrt“ und „Tiere.“ In diesem Sinne, „volle Fahrt voraus!“

Wortwelt „Seefahrt“:

Wortwelt „Tiere“:

24. Tonalitäten

Wie bringen Sie Stimmung in Ihre Texte? Wie finden Sie den richtigen Ton für Ihre Zielgruppe? Bei Tonalitäten wird nicht nur zwischen Jugend-Slang und Erwachsenen-Sprache unterschieden. Auch die Art, wie Sie etwas sagen, kann entscheidend sein, ob das Geschriebene bei Ihrer Zielgruppe ankommt – schreiben Sie seriös, locker oder extrem freundlich? Die große Herausforderung: Die Tonalität muss zum Unternehmen bzw. zum „schreibenden Ich" UND zum Adressaten passen. Grundsätzlich sollten Sie also folgende Frage klären: Wer spricht wie mit wem?

Nehmen wir ein Beispiel: „Der Mann liest ein Buch im Sessel." Jetzt gilt es für Sie, auf Wortsuche zu gehen. Verändern Sie in dem Satz die Substantive, das Verb und setzen Sie Adjektive, um unterschiedliche Tonalitäten (lieblich, kess-jugendlich, seriös, gruselig) zu schaffen. Synonyme helfen Ihnen dabei. Das Beispiel: „Der cholerische Nachbar zerreist die Seiten des Magazins in seinem abgeranzten Sessel."

Synonyme für …

… Mann:

... Sessel:

... Buch:

24. Fortsetzung

… Lesen

Formulieren Sie jetzt den kompletten Satz um:
„Der Mann liest ein Buch im Sessel“

Wendesätze

Beim Thema Versicherungen denken die meisten vermutlich nicht an besonders aufregende Dinge. Aber gerade, wenn's besonders aufregend wird im Leben, wenn sich plötzlich alles dreht und wendet – dann brauchen wir sie doch manchmal. Genau auf diese unvorhersehbaren Ereignisse geht die Versicherung Swiss Life in einer Werbe-Kampagne ein. Sie zeigt mit Worten, wie schnell das Leben eine Wendung nimmt.

Quelle: www.zmg.de

Für Ihre eigenen Texte ist das übrigens eine überaus hilfreiche Kreativ-Technik ...

25. Drehen und Wenden

Jetzt sind Sie dran: Wirbeln Sie ein paar Sätze durcheinander. Welche positiven und negativen Ereignisse im Leben könnte man noch in einen Wendesatz verwandeln? Seien Sie kreativ! Für den Einstieg ein paar Wörter, die sich gut umwandeln lassen: Freundschaft, Arbeitslosigkeit, Hauskauf, Auto.

„Ich liebe mein Auto ist Schrott."

Praxis-Tipps für Werbebriefe und lange Werbemails

(um den kurzen Mail-Newsletter geht's anschließend)

Welche Formalitäten, welchen Aufbau und welche Struktur Sie einhalten müssen, ist in der DIN-Norm 5008 vorgegeben. Sie regelt charakteristische Merkmale eines Briefes wie Betreffzeile, Absatzstruktur, Datum, Anschrift, Kontaktdaten im Briefkopf, Unterschrift und PS.

Bei den Inhalten sieht das Ganze schon ein wenig anders aus. Sie können sich kreativ austoben. Da drin kann aber auch der Haken liegen. Denn: Der Kunde will überzeugt werden, er will Vorteile. Warum soll er genau Ihr Produkt kaufen? Um Ihre Inhalte erfolgreich an den Kunden zu bringen, haben wir zwei Hilfestellungen aus den Weiten der Trickkiste geholt: Die Techniken WDD und WDD+. Beide Techniken sind hervorragend für klassische Werbebriefe geeignet – oder wenn Sie in einer langen Werbemail tatsächlich argumentieren müssen.

Die WDD-Technik: Wenn – Dann – Deshalb

Der erste Absatz: „Wenn" beschreibt die Situation, die der Kunde erreichen oder verändern möchte.
Der mittlere Absatz: „Dann" schildert die Vorteile für den Kunden. Hier schreiben Sie also Ihre Nutzenargumentation.
Der letzte Absatz: „Deshalb" folgt jetzt die konkrete Aufforderung zur Reaktion.

Die Technik WDD+: Wenn – Dann – Weil – Deshalb

Wenn: Sie malen Ihrem Leser mit bildhaften Worten aus, in welcher Situation er einfach nicht auf Ihr Angebot verzichten kann.
Dann: Die Nutzenargumentation mit den wesentlichen Vorteilen Ihres Angebots.
Weil: Der Beweis. Dieser Baustein verleiht Ihrem Text noch mehr Glaubwürdigkeit. Denn hier erwähnen Sie Marktstudien, positives Feedback und konkrete Erfahrungen rund um Ihr Produkt.
Deshalb: Die Bestellaufforderung oder sonstige konkrete Handlungsanweisung.

26. Schreiben Sie einen Werbebrief

Erinnern Sie sich an Frau Müller und Ihren Saugroboter? Hier wissen Sie schon, welche Vorteile der Saugroboter bringt. Da wird es Ihnen sicher leicht fallen, nun einen Werbebrief dazu zu verfassen. Helfen werden Ihnen dabei die Techniken WDD und WDD+, die Sie auf der Seite zuvor kennengelernt haben.

26. Fortsetzung

Und wie sieht's beim E-Mail-Newsletter aus?

Noch schneller als im Brief, geht‘s im Newsletter. Für den gilt: Kundennutzen und Wichtiges müssen sofort erkennbar sein. Einfache Sätze, kurze Absätze und eine klare Struktur sorgen für Verständlichkeit. Und per Direktansprache führen Sie Ihren Leser zum nächsten Klick.

Unterschied zur persönlichen E-Mail: Hier haben Sie es mit einer erweiterten Grundstruktur zu tun. Folgende Elemente sind deshalb Pflicht im E-Mail-Newsletter:

- Das Editorial alias Anschreiber bzw. persönliche Hinführung / Begrüßung,
- bei längeren Newslettern: ein mit den jeweiligen Themenpunkten verlinktes Inhaltsverzeichnis,
- kurze Texte zu den einzelnen Themen, die als Teaser (Anreißer) Spannung aufbauen und zum nächsten Klick motivieren,
- eine spannende Headline,
- der Link zur Webansicht mit dem Hinweis „Hier geht‘s zur Webansicht, falls der Newsletter nicht richtig angezeigt wird.“,
- am Schluss: Impressum und Abmeldehinweis.

Praxis-Tipp: Print to Web

Print to Web zaubert eine Brücke zwischen „traditionellen“ Printmedien und dem Internet. Hier sehen Sie eine besonders pfiffige Idee der Firma „Plantagen Express“. Die Clementine lacht einem fröhlich entgegen und die persönliche Ansprache ist ein zusätzlicher Anreiz, das Mailing zu öffnen ...

Quelle: Plantagen Express

… und ist das Mailing erst einmal geöffnet, wird es noch spannender. Eine geheime Kiste – wenn das nicht nach Abenteuer klingt!

Praxistipp „Print to Web“:

Was oft vergessen wird: Auch in den neuen Medien gelten die alten Regeln des Dialogmarketings. Ihr Reaktionsziel heißt „Scan“. Also nehmen Sie Ihren Leser an die Hand und führen zu dieser Reaktion (und dann zum Kauf).

Praxis-Tipp: Print to Web

Die Neugier hat gesiegt – die Landingpage ist geöffnet. Jetzt noch den Namen und das Unternehmen eingeben und dann: Kiste fülle dich! Wie ein Kind im Kaufladen kann man sein Körbchen dann „virtuell“ bestücken … und wenig später den echten Geschmack von Orangen oder Clementinen genießen.

Quelle: Plantagen Express

Wir finden, eine „saftige“ Idee!

27. Vom Blatt ins Netz

Jetzt sind Sie wieder an der Reihe! Überlegen Sie sich eine ähnliche Kampagne wie die der Firma „Plantagen Express". Damit Sie nicht komplett ins kalte Wasser geworfen werden, hier ein paar Eckpunkte, an die Sie sich halten können.

Ihre Firma „Kalendarix" macht Kalender für Firmen. Sie sollen Ideen für eine Print-to-Web-Kampagne liefern. Überlegen Sie sich, warum der Empfänger Ihres Mailings unbedingt „weiterklicken" will. Welchen Anreiz liefern Sie und was hat das mit dem Kalender zu tun? Geht es vielleicht um einen äußerst wichtigen Termin, den keiner verpassen will?

Lassen Sie Ihrer Fantasie freien Lauf! Vielleicht entwickeln Sie sogar ein eigenes Beispiel.

27. Fortsetzung

Die persönliche Begrüßung: Das Editorial im Newsletter

Können Sie sich vorstellen, warum das Editorial ein wichtiger Punkt im Newsletter ist? Die Antwort ist einfach: Weil's „menschelt“ und weil wir's hier mit einer Brief-Reminiszenz zu tun haben. Direkte Anrede und ein paar einführende Zeilen machen den Newsletter persönlich und den Leser neugierig. Die folgenden Firmen lösen das schon ganz gut …

Liebe Bettina Kleinsteuber,

"O'zapft is!" - Oktoberfest für Alle! Ob auf den Wiesn oder in der eigenen Gartenhütte, bei DEPOT bekommen Sie alles, was Sie für ein perfektes Oktoberfest benötigen. Das wird eine Gaudi!

Und für alle Feinschmecker, haben wir alles, was Sie zum stilvollen Servieren von Käse und Wein benötigen. Ab 17.09. auch in den Filialen erhältlich.

Viel Spaß beim Shoppen!

Quelle: Depot; Newsletter vom 09.09.2015

Die persönliche Begrüßung: Das Editorial im Newsletter

IKEA präsentiert seine Küchen ganz geschickt, praktisch „durch die Hintertür". Das Möbelhaus teasert im Editorial zunächst nur die Tipps für gesundes Kochen an. Doch wo bereitet man Gemüse & Co. zu? In einer IKEA-Küche – wie beim Weiterklick dann sichtbar wird ...

Quelle: Ikea; Newsletter vom 14.09.2015

28. Schreiben Sie ein Editorial

Bleiben wir beim Aufhänger „Oktoberfest“. Nur Versender ist dieses Mal kein Einrichtungshaus, sondern ein Lebensmittel-Discounter. Wie werden entsprechende Produkte bereits im Editorial gekonnt „angeteasert“?

Ein Grundrezept für Shop- und Katalog-Texte ...

Auch im Online-Shop folgen Texte klaren Regeln. Ein Online-Shop braucht ein klares Text-Konzept. Und das muss zu den angebotenen Produkten passen. Mit Textrastern gelingt es, viele Hundert Artikel zu texten und einheitliche (Text-) Standards im Shop zu etablieren.

Grundraster: Vorteil – Merkmal – Nutzen

Bevor Sie anfangen, brauchen Sie Klarheit. Was ist ein Merkmal, was ein Vorteil, was ein Nutzen? Es ist ganz einfach, und doch ein gewichtiger Grund, warum manche (Shop-)Texte nicht funktionieren. Weil Texter ein Element nicht klar aus dem anderen entwickeln.

Merkmal = Material, Technik, Produkteigenschaft.
Vorteil = Die Übersetzung auf das Produkt bezogen. Was bedeutet dieses Material, diese Technik bezogen auf das Produkt? Warum ist das Produkt so besonders?
Nutzen = Die Übersetzung des (Produkt-)Vorteils in die Lebenswelt des Lesers.

Haben Sie für sich selbst einmal geklärt, was Merkmal-Vorteil-Nutzen eines Angebotes sind, lässt sich jeder Text logisch aufbauen. Die Reihenfolge ist dabei egal.

Ein Beispiel: Hose *Extravagant* (Reihenfolge: Merkmal – Vorteil – Nutzen)

Mit extra Elasthan-Anteil. Diese Hose passt sich jedem Figurtyp an. So ziehen Sie die Blicke auf sich.

Material: 30 % Elasthan, 70 % Baumwolle

… und drei Meister-Rezepte

Textraster 1: Benefit-Benefit-Benefit-Regel

1. Nennen Sie den entscheidenden Produktvorteil.
2. Setzen Sie ihn in den Lebenskontext des Kunden.
3. Sagen Sie, wie sich sein Leben konkret verbessert.

Produktbezeichnung/-name	Der Gefrierschrank Eco-plus
Entscheidender Produktvorteil	Gefriert umwelt-frisch.
Vorteil in die Lebenssituation des Kunden transferieren	Hohe Strompreise gehören der Vergangenheit an.
Beschreiben, wie sich das Leben verändert	Sie können ab sofort umweltfreundlich einfrieren – und jede Menge Energie und Geld sparen.
Produktangaben	weiß; 60x210x60 cm; Preis: 299,- EUR

Textraster 2: „Text-Energie“ von Anfang an!

Im Texterclub empfehlen wir dieses Raster. Das Besondere daran: Durch Einsatz von Vorsatzwörtern oder einführenden Sätzen beginnt der Text sehr stark und schafft von Anfang an hohe Aufmerksamkeit. Dann entwickelt man aus dem Merkmal den Nutzen und schließt mit einem starken Abschwung beziehungsweise einer Aufforderung. So wie im Beispiel „Joggingschuh“:

Vorsatzwort oder Eigenname	Megastark! Der neue Joggingschuh Extra-Lauf
Merkmal	Die XU-Sohle mit Gummi-Einsatz
Vorteil	Da bekommt man keine Blasen.
Nutzen	Du kannst die doppelte Strecke laufen.
Aufforderung	Mach Deinen Lauf!
Produktangaben	in verschiedenen Farben; Preis: 89,90 EUR

... und drei Meister-Rezepte

Textraster 3: Der Allrounder

Ein drittes Grundraster ist deutlich einfacher und bei vielen Produkten einsetzbar. Bei Textraster 3 handelt es sich um eine kompaktere Variante von Textraster 2. So sieht das Raster auf das Beispiel „Texter-Tool" angewandt aus:

Vorsatzwort	Neues Textwerkzeug
Produktname	Die Rechtschreib-tafel
Produktvorteil	Die wichtigsten Schreibregeln im Sofort-Überblick für schnelles Nachschlagen.
Produktangaben	Laminierte Tafel im A4-Format; doppelseitig bedruckt; Preis: 9,80 EUR

29. Erkennen Sie die verschiedenen Textraster?

Schauen Sie sich die folgenden Beispiele an. Welches Textraster können Sie welchem Beispiel zuordnen?

Beispiel 1:

Nie wieder Rückenschmerzen! Mit der neuen „Bequemia". Diese Matratze passt sich Ihrem Körper perfekt an. Egal wie Sie liegen, die „Bequemia" unterstützt Ihren Rücken optimal. Mit der „Bequemia" steigen Sie morgens erholt aus dem Bett und fühlen sich richtig fit. Starten Sie in ein waches Leben!

Produktangaben:
3 verschiedene Härtegrade
ca. 24 cm hoch mit Komfort-Kern
sehr gute Punktelastizität

Textraster:

____

Beispiel 2:

Unterwegs wie im eigenen Bett schlafen! Der Schlafsack „Sleepy" wärmt mit seiner exklusiven FluffyRT-Füllung auf Reisen wie eine Daunen-Bettdecke.

Produktangaben
Hochwertige FluffyRT-Füllung
inkl. Packsack

Textraster:

____

Beispiel 3:

Das „Aqua Naturale" - ein Wasser, hundert wichtige Mineralien. Mit nur einem Getränk decken Sie Ihren Bedarf an Mineralien für den ganzen Tag. Plagen Sie sich nicht mehr mit Gedanken um die richtige Ernährung. Mit dem „Aqua Naturale" nehmen Sie alle wichtigen Mineralien zu sich, die Sie brauchen. Trinken Sie dieses Wasser und Sie fühlen sich fit und voller Lebensfreude.

Produktangaben:
0,5 L für 2,99€

Textraster:

____

Beispiele aus dem Shopping-Alltag

Und so sieht das Ganze in den Online-Shops „da draußen“ aus …

Wenn Sie wie auf Wolken laufen, haben Sie sicher Schuhe von „Gebrüder Götz“ an Ihren Füßen ...

Produktdetails | Größenberater

Gabor Ballerina - schwarz

Ein Laufgefühl wie auf Wolken! Kommen Sie in den Genuß eines Ballerina´s aus hochwertigem Veloursleder mit einer tollen Schleifen-Optik auf der Vorderkappe. Durch den Rundumgummizug erhalten Sie eine optimale Passform. Innen ist ein angenehmes Textilfutter und eine Innensohle aus Leder. Für besonderen Tragekomfort sorgt die "Hovercraft"-Ausstattung. Das eingearbeitete Luftkissen bietet einen weichen Auftritt. Die dezente Laufsohle mit dem 20-mm-Keilabsatz runden den Schuh perfekt ab. Egal ob zum Rock, zur Hose oder zum Kleid, mit diesem Ballerina haben Sie einen Begleiter der zu vielen Outfit´s passt.

- Farbe: schwarz
- Absatzhöhe: 0 - 3 cm
- Ausführung: Damen
- Details: klassisch, sportiv
- Typ: Ballerinas
- Schuhspitze: rund
- Innensohle: Leder, weich gepolstert
- Futter: Textil
- Obermaterial: Leder, Veloursleder
- Laufsohle: Luftpolstersohle
- Artikelnummer: 3697907

Quelle: Online-Shop Gebrüder Götz

Und „wolkenkratzer-hohe“ Stilettos finden Sie bei „Tamaris“ ...

Pumps - Taggia

Aufregend elegant präsentiert sich dieser Pumps von Tamaris, der nicht nur in Kombination mit dem kleinen Schwarzen bewundernde Blicke auf sich zieht. Ob ganz klassisch in Schwarz oder mit etwas Farbe – das raffiniert strukturierte Obermaterial aus feinem Leder sowie die abgerundete Schuhspitze setzen verführerische Akzente. Ein wahrer Eyecatcher ist der 95 mm hohe Stilettoabsatz, der in einem weichen Schwung in den 6 cm hohen Schaft übergeht und auf atemberaubende Weise der Figur schmeichelt. Dieser ausdrucksstarke Traum-Begleiter repräsentiert großes Stilbewusstsein und ergänzt Ihr Outfit auf wunderbare Weise.

Schafthöhe: 6,0 cm
Absatzhöhe: 95 mm
Absatztyp: Stilettoabsatz
Decksohle: Synthetik

Quelle: Online-Shop Tamaris

29. Fortsetzung

Noch mehr modische Schuhbeschreibungen gibt‘s bei Marc O‘Polo.

Produktdetails

Details für Marc O'Polo Lederboots mit Lyralochung - Marineblau

Diese Boots von Marc O'Polo sehen dank der Lyralochung richtig schick aus! Aus robustem Leder gefertigt und mit Profilsohle ausgestattet, sind diese Schuhe äußerst strapazierfähig. Der Schnürverschluss mit jeweils sieben Ösen auf jeder Seite sorgt für einen festen Sitz.

- Damen Boots von Marc O'Polo
- Echtes Leder
- Abgerundete Spitze
- Schnürverschluss
- Lyralochung
- Profilsohle
- Sohlenhöhe: 1 cm
- Absatzhöhe: 2,5 cm
- Farbe Marineblau
- Artikelnummer: 9339955

Material & Pflege

- Hauptmaterial 1: 100% Leder
- Futter 1: 100% Leder
- Sohle: 100% Synthetik

Quelle: Online-Shop Fashion ID

Und für die vielen schicken Schuhe finden Sie passende stylische Fußmatten von Zala Living bei Otto.de ...

Details

★★★★★ (19) anzeigen | Artikel bewerten

Schmutzfangmatte, Zala Living, »Sterne«

Artikel-Nr. 23294783

- 2,6 kg/m² Gesamtgewicht (ca.)
- 7 mm Gesamthöhe (ca.)
- Mit rutschhemmender Rückenbeschichtung
- Sehr strapazierfähig
- Schmutzabweisend

Die Fußmatte »Sterne« aus der Kollektion Zala Living ist praktisch und stylish zugleich. Der strapazierfähige, Schmutz abweisende Fußabtreter hält jeden Eingangsbereich sauber und ist zusätzlich ein Hingucker. Die kräftigen Farben der Schmutzfangmatte heißen jeden Gast herzlich willkommen, die Sterne darauf sind das i-Tüpfelchen dieses freundlichen Grußes. Das Material ist strapazierfähig, waschbar und Schmutz abweisend. Die rutschhemmende Rückenbeschichtung sorgt für Halt und Sicherheit auf glatten Fußböden. Mit der Fußmatte »Sterne« von Zala Living glänzt jeder Eingangsbereich mit Sauberkeit.

Details:

- Motiv-Teppich
- Mit rutschhemmender Rückenbeschichtung
- Sehr strapazierfähig

Quelle: Online-Shop Otto

30. Englisch, Denglisch, Bahnhof?

Englisch. Das ist jung. Das ist hip. Und eine Weltsprache ist es auch noch. Und damit Werbung auch einen „globalen Anspruch“ geltend machen kann, bewirbt man am besten mit englischen Slogans und Produktnamen. So oder so ähnlich argumentieren wohl viele unkreative Kreative in deutschen Büros und Agenturen.

„Come alive with the Pepsi Generation“: „Pepsi bringt deine Vorfahren aus dem Grab zurück“. Das erinnert manch einen Leser sicherlich eher an düstere Vampirfilme, lässt ihn vielmehr an Zaubertrank als an erfrischenden Genuss denken. Die deutsche Sprache ist eben nicht so „allerwelt“ wie die Englische. Aber: Die Sprache der Dichter und Denker bietet jede Menge Möglichkeiten und Rafinesse! Übersetzen Sie nun die folgenden Werbe-Slogans ins Deutsche. Nur die Aufforderung an den Leser oder die Einstellung gegenüber dem Produkt muss im Sinn erhalten bleiben.

1.

YouTube
Broadcast Yourself™

„Mache deinen Brotkasten selbst“? „Oute dich“? Was YouTube eigentlich rüberbringen wollte: „Sende dich selbst“. Das klingt aber … naja. Wie könnte ein guter deutscher Slogan klingen?

2.

PHILIPS
sense and simplicity

„Einfach wie eine Sense“, „Sinn und Einfalt“, „Denke Simpel“, ... Alles falsch. Philips wollte mit diesem Slogan nur demonstrieren, wie einfach und unkompliziert das neue Soundsystem zu bedienen ist! Na, dann zeigen Sie Philips mal, wie’s geht:

Quelle: www.horizont.net

Das Beste kommt zum Schluss!

Hier finden Sie Lösungen zu den Aufgaben. Doch lassen Sie sich nicht zum Schummeln verführen: Erst die Arbeit, dann die Kontrolle!

LÖSUNGEN

1. Was halten Sie davon?

Negatives im Text:

- Zu viele Wortmonster

Diese behindern den Lesefluss. Notwendig wären kurze Wörter. Als Texter suchen Sie Synonyme – oder setzen den Bindestrich ein, um Wörter zu entzerren.

Negativbeispiele:
Bürostuhlsitzpolster, wirbelsäulenverträgliche Form, Antischweißbelüftungssystem

Machen Sie's besser:
Bürostuhl-Sitzpolster, ergonomische Form, Belüftung, die frisch hält

- Zu lange Sätze

Endlos verschachtelte Sätze erschweren den Lesefluss noch mehr als zu lange Wörter. Der Leser steigt bei zu vielen Einschüben aus. Besser sind Sätze mit ca. 14 -20 Wörtern. Das entspricht in etwa gesprochener Sprache. Die Obergrenze der optimalen Verständlichkeit liegt übrigens bei 9 Wörtern pro Satz.

Das Negativbeispiel:
Das preisgekrönte und weltbekannte Antischweißbelüftungssystem verhindert, dass Sie im Büro im eigenen Saft schmoren und sorgt dafür, dass Sie, auch wenn im Büro mal wieder eine Affenhitze herrscht und Ihnen der Chef schon wieder Feuer unter dem Hintern macht, trotz allem cool bleiben können.

- Passivkonstruktionen

Bleiben Sie im Aktiv! Das animiert Ihre Leser.

Aus dem Text:
Ihr Rücken wird so in wirbelsäulenverträglicher Form gehalten.

- Mehr Selbstbeweihräucherung als Kundennutzen

Vermeiden Sie es, nur aufzuzählen, wie toll Ihr Produkt ist. Für den Kunden ist wichtig, welche Vorteile das Produkt speziell für ihn bietet.

1. Fortsetzung

Negativbeispiele:
absolut sensationell, absolut innovativ, preisgekrönt und weltbekannt

- Zu viele Metaphern

Metaphern sind an sich nichts Schlechtes, da sie den Text anschaulich machen. Wenn aber zu viele Metaphern aufeinander treffen, noch dazu aus verschiedenen Bereichen, dann wird es verwirrend für den Leser.

Ein Negativbeispiel:
Das preisgekrönte und weltbekannte Antischweißbelüftungssystem verhindert, dass Sie im Büro **im eigenen Saft schmoren** und sorgt dafür, dass Sie, auch wenn im Büro mal wieder eine **Affenhitze** herrscht und Ihnen der Chef schon wieder **Feuer unter dem Hintern macht,** trotz allem **cool bleiben** können. **Keep cool** mit dem neuen *feelseated* – gleich bestellen!

- Gefährlich:

„Kennen Sie schon …". Wer so einsteigt, provoziert ein Nein im Kopf des Lesers. Ein typischer Anfängerfehler. Ist Verkauf doch der Aufbau einer Ja-Straße/ Zustimmungskette. Wer so früh ein Nein provoziert, riskiert, dass die Führung gleich im Einstieg abreißt. Besser wäre es, hier einen positiven Einstieg zu wählen:

Himmlisch – Hier kommt ein Bürostuhl, der Sie schweben lässt. Höchste Zeit, ihn kennenzulernen.

Oder:

Pure Gefühlsduselei und reines Vergnügen. *Feelseated.* Höchste Zeit, den Bürostuhl auszuprobieren.

Positives im Text:

- Klare Kaufaufforderung

Keep cool mit dem neuen *feelseated* – gleich bestellen!

2. *Feelseated*: Kreative Schreib-Übungen

1. Spielen Sie mit dem Namen des Produkts. Einige Wörter und Wendungen aus der „Gefühls-Wortwelt“:

Luxus, kleine Auszeit, Entspannung, Deluxe, Wohlfühlen, Oase der Stille, Zeit für sich, Komfort, Ambiente/Atmosphäre, Harmonie, Ruhe, bequem, Harmonie, Gelassenheit, Loslassen, Verweilen, sich etwas gönnen, weich/soft, Feeling, purer Genuss, Wellness, sich erholen, neue Energie tanken, im Einklang mit Körper und Seele, innere Ruhe, sich verwöhnen lassen

Und hier kommt ein Vorschlag für einen neuen Text – zugegeben, etwas überspitzt, aber gerade beim Text-Training ist alles erlaubt. Wenn nicht jetzt, wann dann?

Sie glauben, **pure Entspannung** ist nur im Urlaub möglich? Dann **lehnen Sie sich jetzt zurück**. Die Rettung für den geplagten Rücken ist da! Denn wir setzen auf Ihr **Wohlbefinden** – mit dem neuen *feelseated*! Die Innovation für **spürbar** mehr **Komfort** im Büro. Während Sie Ihrer Arbeit nachgehen, kann sich der Nacken **entspannen** und die Wirbelsäule wird entlastet. Durch die **wohltuende** Rücken-Stabilisierung wird es Zeit für Sie, **die Seele baumeln zu lassen** und Verspannungen Ade zu sagen. Machen Sie es sich so richtig **bequem**. Denn der **Luxus** unserer eingebauten Armstützen und Bewegungsmechaniken im Rückenteil **lädt zum Verweilen ein** und verwandelt Ihr Büro automatisch in eine **Wohlfühloase**. Mit zusätzlichen Details wie der abnehmbaren Polsterung und der **weichen** verstellbaren Kopfstütze bietet der *feelseated* **langzeitigen Sitzkomfort**. Zusätzlich strahlt das anmutige Design des Sessels **Ruhe und Harmonie** aus. Kehren Sie dem Stress des Arbeitsalltags den Rücken – mit dem Bürosessel *feelseated* für optimale **Erholung** – auch bei Überstunden!

2. Notieren Sie 40 Wörter rund um das Thema „Büro und Arbeitswelt“.

Büro, Schreibtisch, Telefon, Kaffee, Kugelschreiber, Computer, Word, Storno, Auftrag, Hefter, Geschäftsessen, Aktenkoffer, Krawatte, Anzug, Labtop, Meeting,

Konferenz, Deadline, Zusage, Drehstuhl, Stress, pünktlich, Kaffeekasse, Post-It, Memo, Post, Mitarbeiter, Chef, Vorstand, Beförderung, Kündigung, Bildschirm, Dienstplan, Mittagspause, Vertrag, Kleingedrucktes, Mikrowelle, Konzentration, Work-Life-Balance, Feierabend, Aspirin, Wecker

3. Schreiben Sie einen Text. Und verwenden dabei keines dieser Wörter.

Sie kennen das: Überstunden im Büro. Der Nacken knackst, der Rücken ächzt und überall ziept es. Sie versuchen, sich aufrecht zu halten und die Wirbelsäule durchzustrecken. Aber keine Chance - Sie verfallen immer wieder in dieselbe Position. „Da wird sich der Orthopäde freuen ...", denken Sie betrübt. Sie kennen das - wir nicht. Setzen Sie in Zukunft auf den *feelseated*, eine neue Generation von Schreibtisch-Stühlen. Hier können Sie sich bewusst zurücklehnen. Der *feelseated* unterstützt eine gesunde Haltung - in jeder Position - durch das eingebaute Multifunktions-Polster. Und wenn es mal heiß hergeht, sorgt das von uns entwickelte PAVS (Power Air Ventilation System) dafür, dass Sie nicht ins Schwitzen geraten. *Feelseated* - lässt Sie auch Überstunden bequem aussitzen!

4. Ordnen Sie die Motive zu

Hirmer Summer Sale:
Motiv: Die Information ist schnell auswertbar und liefert einen Vorteil.
Die Kombination aus Bild und Schrift ist leicht verständlich. Außerdem ist das Wort „Sale" als Bild in unserem Gehirn gespeichert. Der Leser denkt sofort: „Da kann man ein Schnäppchen machen! Kaufen!"

Rauchmelderpflicht:
Motiv: Druck durch die gesetzliche Vorgabe.
Bei gesetzlichen Neu-Regelungen kann der Werber auf das Motiv Druck setzen. Denn hier entwirft er nicht selbst das Schreckens-Szenario, der Gesetzgeber fordert die neue Regel ein. Der Rauchmelder ist hier der „Retter", der den Kunden seine gesetzliche Pflicht erfüllen lässt.

Grüße aus der Südsee:
Motiv: Wir entdecken etwas Bekanntes.
Dieses Mailing sieht aus wie eine Postkarte aus dem Urlaub. Da wir dahinter Grüße von Freunden und Familie vermuten, lesen wir die Karte fast automatisch.

Rossmann Gutscheine:
Motiv: Nutzen für den Kunden.
Hier kommt der Jäger und Sammler zum Vorschein. Der Kunde sieht in den 10 % Rabatt einen großen Vorteil für sich. Die Anrede „An alle Haushalte, die extra sparen wollen" verstärkt diesen Effekt.

Messeausladung:
Motiv: Neugier. Der Kunde will mehr erfahren.
Messeeinladungen bekommt man viele. Aber was ist eine Messeausladung? Hat man etwas falsch gemacht? Darf man etwa nicht zur Messe? Wurde die Messe abgesagt? Viele Fragen entstehen im Kopf des Lesers und die Neugier will schnell befriedigt werden. Also öffnet er die Messeausladung und liest weiter ...

5. Headlines: Einstiege in den Text

Headline für das Motiv Angst:
Solange Vorrat reicht! Buchen Sie 1 von 1.000 Probefahrt-Paketen!

Headline für das Motiv Neugier:
Für alle, die schon immer ein fliegendes Auto wollten ...

Headline für das Motiv Vorteil/Nutzen:
Der neue „Monza Concept": Von 0 auf 100 in 3 Sekunden.

Headline für das Motiv, etwas Bekanntes zu entdecken:
Einmal Opel, immer Opel.

Headline für das Motiv, die Information schnell auszuwerten:
Jetzt den neuen „Monza Concept" Probe fahren!

6. Headlines gesucht

Und das hat sich Milka einfallen lassen …

Quellen: Milka

6. Fortsetzung

Und das hat sich Milka einfallen lassen …

Quelle: Milka

7. Texten Sie Slogans und Headlines mit regionalem Bezug

Auf diese Ideen sind die Kreativen bei Ritter Sport für Berlin und Düsseldorf gekommen:

Headline → Für Kreuzberger Nächte

Slogan → Ritter Sport Espresso. Mit kräftig geröstetem Arabica-Kaffee.

Headline → Mal was Neues zum Alt.

Slogan → Ritter Sport Knusper Tortilla Chips. Unsere Sorte des Jahres.

Quelle: www.ritter-sport.de/blog/2015/09/26/berlin-hamburg-und-duesseldorf-warten-mit-tollen-plakatmotiven-auf/

8. Claims von A-Z

A	Advocard ist Anwalts Liebling. (Advocard)
B	Bild Dir Deine Meinung. (Bild Zeitung)
C	Connecting People. (Nokia)
D	Die wahrscheinlich längste Praline der Welt. (Duplo)
E	Ei, Ei, Ei, Verpoorten. (Verpoorten)
F	Für das Beste im Mann. (Gilette)
G	Gute Preise. Gute Besserung. (Ratiopharm)
H	Haribo macht Kinder froh und Erwachsene ebenso. (Haribo)
I	Ich bin doch nicht blöd. (Media Markt)
J	Just do it. (Nike)
K	Katzen würden Whiskas kaufen. (Whiskas)
L	Liebe ist, wenn es Landliebe ist. (Landliebe)
M	Morgens halb zehn in Deutschland. (Knoppers)
N	No Smint, no kiss. (Smint)
O	O2 can do. (O2)
P	Pack den Tiger in den Tank. (Esso)
Q	Quadratisch. Praktisch. Gut. (Ritter Sport)
R	Red Bull verleiht Flüüügel. (Red Bull)
S	Sind sie zu stark, bist Du zu schwach. (Fisherman's Friend)
T	Think different. (Apple)
U	Und das Leben schmeckt schön. (Teekanne)
V	Vollendet veredelter Spitzenkaffee. (Dallmayr Prodomo)
W	Wohnst Du noch, oder lebst du schon? (IKEA)
X	Xtra viel drin, Xtra viel dran. (Ritter Sport XXL)
Y	You can. (Canon)
Z	Zu allem bereit, wenn Sie es sind. (Renault Scénic)

9. Raum für Kreativität: Texten Sie Slogans

Und so sieht die Kampagne der Berliner Stadtreinigung aus …
Bestimmt haben sie damit viel Staub aufgewirbelt.

Auch hier gilt: Wir freuen uns über Ihre zahlreichen Zusendungen an info@texterclub.de!

Quelle (Seite 93-94): www.bild.de/10um10/2014/10-um-10/hitliste-um-zehn-lustigste-slogans-berliner-stadtreinigung-38821506.bild.html

9. Fortsetzung

10. Formulieren Sie Text-Ausstiege

Zur Erinnerung hier der Ausgangstext:

Jeden Tag sind Sie mit dem Auto unterwegs. Der Beruf will es so. Doch Ihr Gewissen sagt - nein ruft - etwas ganz anderes: Denk doch mal an die Umwelt! Mit steigendem Kilometerstand steigern sich auch Ihre Gewissensbisse ... aber was tun? Wie wäre es, wenn Sie Ihren Chef und Ihr Gewissen glücklich machen könnten?

Mit dem neuen Ecomobil 700 können Sie das! Dieser Hybridwagen vereint Leistung und grüne Energie. Das Ecomobil ist das erste Auto, das im E-Betrieb eine Reichweite von 500 Kilometern schafft! Danach können Sie den Akku an einer normalen Steckdose innerhalb einer Stunde wieder aufladen - das dauert gerade so lange wie Ihr Geschäftstermin. Und falls Ihre Strecke doch länger sein sollte, dann kommt der extrem sparsame Benzin-Verbrauch von 0,6 Litern pro 100 Kilometer zum Einsatz. Sagen Sie Tschüss zu teuren Benzinpreisen! Sagen Sie Tschüss zum schlechten Gewissen!

Dazu drei Textausstiege:

1. Darauf haben Sie lange gewartet? Dann schlagen Sie jetzt zu! Das Ecomobil 700 möchte mit Ihnen zusammen die Umwelt retten – mieten Sie grün!

2. Am schnellsten geht Ihr Wunsch in Erfüllung, wenn Sie per Internet direkt einen Termin beim Ihrem Wunsch-Händler vereinbaren. Klicken Sie „Fahr mich!“ auf der Seite www.ecomobil700.de.

3. Wer schnell anruft, profitiert von tollen Einführungspreisen! Lassen Sie sich gleich beraten unter Tel.: 0123 / 700 700

12. Reizwortgeschichte

Angst – Keller – Katze. 3 Wörter. Eine Geschichte. Hier sind zwei von vielen möglichen Lösungen.

Gestern sollte Mark eine Flasche Limo aus dem Keller holen. Als er auf der vorletzten Stufe stand, ging plötzlich das Licht aus. Mark fürchtete sich im Dunkeln. Er bekam panische Angst. Ganz langsam tastete er sich vorwärts. Seine Angst wurde mit jedem Schritt größer, Schweißperlen standen ihm auf der Stirn. Was war das? Ein Geräusch? Marks Herz pochte wie wild. Da wurde es wieder hell. „Entschuldige, Mark, ich habe aus Versehen das Licht ausgeschaltet", rief seine Mutter nach unten. Und nun erkannte Mark seine Katze Mia. Sie hatte die unheimlichen Geräusche gemacht. Erleichtert nahm er eine Limoflasche und rannte schnell nach oben.

„Ich hab' Angst", dachte sich Mimi. „Die haben mich schon wieder im Keller eingesperrt! Solche Unmenschen!" Mimi lief ein bisschen im Keller herum und schaute sich um. „Irgendwie kann man doch bestimmt hier rauskommen." Sie stieg über die verschiedenen Kisten und das Gerümpel. Es war ziemlich dunkel, aber zum Glück hatte sie gute Augen. „Da, das Kellerfenster steht offen! Hab' ichs doch gewusst." Mimi glitt durch das halboffene Fenster. Doch da kam gerade die Familie wieder. Tim sah sie sofort und rief: „Mamaaaa, die Katze wollte schon wieder entwischen!"

12. Fortsetzung

Die Aufgabe:

Was fällt auf, wenn Sie sich auf drei konkrete Wörter konzentrieren? Was könnte der Nutzen sein, den Sie daraus ziehen? Wie können Sie die Methode in Ihren Schreib-Alltag integrieren?

Einige Ideen dazu:

- Wörter lassen sich einfach verknüpfen
- Aufgabe fällt leicht
- macht Spaß
- Kreativtechnik: der Fantasie kann freien Lauf gelassen werden
- Überwinden von Schreibblockaden
- Bei Verkaufstexten: Konzentrieren Sie sich auf wenige Wörter, um welche eine Geschichte gesponnen wird

Überlegen Sie jetzt, welche Wörter in Ihren Verkaufstexten die Hauptrolle spielen. Welche Wörter sollten tatsächlich die Reizwörter sein?

Reizwörter könnten sein:

- Signalwörter wie „neu“, „gratis“, „jetzt“, „gleich“, „noch heute“, „direkt“, „sofort“, „Rabatt“, „Sale“
- Wörter, die Ihr Unternehmen definieren
- Produktmerkmale und Vorteile für den Kunden
- Metaphern und Sprachbilder aus Ihrem Themenbereich

14. Vom Roh- zum Reintext

Hier die redigierte Fassung:

IMMERHIN
Sensitiv
GmbH

Petra Müller
An der Leite 5
77777 Mustertown

20. April 2015

Sehr geehrte Frau Müller,

wir nehmen Bezug auf Ihre gestrige Informationsanforderung und danken Ihnen für Ihr Interesse. Die IMMERHIN Sensitiv GmbH zeichnet sich seit über 15 Jahren durch sensitive Wasch- und Bad-Innovationen aus.

Wie gewünscht übersenden wir Ihnen in der Anlage das angeforderte Informationsmaterial. Auch wollen wir Ihnen den IMMERHIN Produktprospekt nicht vorenthalten.

Bei Interesse für den neuen IMMERHIN Flauschgenerator beachten Sie, dass die Lieferzeit in der Regel mindestens vier bis fünf Wochen beträgt, sonstige Lieferzeiten entnehmen Sie bitte unserer neuen Webseite.

Sollten Sie noch weitere Fragen haben, stehen wir zu unseren üblichen Geschäftszeiten montags bis freitags von 9 bis 17 Uhr zur Verfügung. Beachten Sie jedoch auch die FAQs im Internet.

Wir würden uns über eine Auftragserteilung sehr freuen und verbleiben in Erwartung einer positiven Rückantwort.

Mit freundlichen Grüßen

IMMERHIN Sensitiv GmbH
Johanna E. Immerhin

15. Formulieren Sie positiv

Hoffentlich hatten Sie viel Spaß, die Begriffe und Sätze ins Positive zu verwandeln. Hier finden Sie die Lösungen zur Aufgabe:

ungewöhnlich → besonders

kein Problem → in Ordnung, die Lösung: ...

sorgenlos → beruhigt, in Ruhe, glücklich, zufrieden

unfallfrei → sicher, intakt, ganz

Mit uns kommen Sie durch den Winter, ohne auf die Nase zu fallen. → Auf uns können Sie auch bei Schnee und Eis zählen.

kein Frosch sein → sich trauen, sich einen Ruck geben

unverwüstlich → robust, haltbar, stabil, langlebig

kein Sommer ohne Hitzewelle → Jeder Sommer hat seine heiße Phase.

nicht rechtzeitig → verspätet

nicht schwer → leicht, einfach

16. Dirigieren mit Satzzeichen

Und plötzlich geht es um Essen oder Gegessenwerden.
Sehen Sie selbst wie viel so ein kleines Satzzeichen verändern kann …

Komm, wir essen Opa.

Komm, wir essen, Opa.

Lehrer sagen: „Die Schüler haben es gut!"

„Lehrer", sagen die Schüler, „haben es gut!"

Die Hochzeit ist geplatzt: Er wollte sie nicht.

Die Hochzeit ist geplatzt: Er wollte, sie nicht.

Der brave Mann denkt an sich selbst zuletzt.

Der brave Mann denkt an sich, selbst zuletzt.

17. Schreiben Sie einen Teaser

Der journalistische Anschreiber

Waschmittelhersteller Superwasch ist Testsieger mit seiner Produktneuheit „Reinefix". Das hat auch das Team der deutschen Nationalmannschaft überzeugt. Alle Trikots werden ab sofort mit Reinefix gewaschen. Es macht schon bei 20 °C richtig rein und sorgt mit Aloe Vera für ein perfektes Waschergebnis. (mehr)

Der klassisch-werbliche Teaser oder Anreißer nach dem Cliffhanger-Prinzip

Waschmittel Reinefix siegt bei Stiftung Warentest. Warum das auch die deutschen Fußball-Profis beeindruckt, lesen Sie hier …

Der werbliche Teaser mit Orientierung an den gedachten Leserfragen

Sie sind schon lange auf der Suche nach einem Waschmittel, das auch bei niedrigen Temperaturen richtig rein wäscht?

Das neue Waschmittel „Reinefix" macht Weißes und Buntes schon bei 20 °C wunderbar sauber! Und das hat nicht nur die deutsche Fußball-Nationalmannschaft überzeugt …

Darum gleich hier den Testsieger bestellen und schon beim nächsten Waschgang „Reinefix" testen!

Grundsätzlich gilt:
Verwenden Sie die 5 Motive der Informationsaufnahme auch im Teaser. Aktivieren Sie Ihren Leser. So ziehen Sie ihn vom Teaser in den Langtext.

18. Argumentieren Sie richtig!

Merkmal		Vorteil		Nutzen
Staubbehälter-volumen ca. 1 L	⇨	Kann viel Staub und Dreck aufnehmen	⇨	Muss nicht nach jedem Sauggang gelehrt werden
5 verstellbare Fallsensoren	⇨	Fall wird verhindert	⇨	Gerät kann nicht Treppe o.Ä. herunter-fallen und beschädigt werden
Saugt Hartböden und Kurzflor-Teppiche	⇨	Bürste muss nicht ausgetauscht werden	⇨	Roboter kann eigen-ständig umherfahren und erledigt alle Flä-chen ohne Eingreifen
Gründliche Reini-gung durch 4-Stufen-Reinigungsprogramm	⇨	Alles wird sauber	⇨	Nutzen: Die Kinder können problemlos auf dem Boden spielen

19. Aktivierende Verben

Synonyme für „sagen“:

A: äußern, ausdrücken, ausplaudern, andeuten, anführen, aussprechen, artikulieren, anmerken, am Rande bemerken, auffordern, ausrichten, Auskunft geben, aufklären, ankündigen, angeben, ausrufen
B: bekennen, bestimmen, bezeichnen, bekunden, beschwören, beteuern, betonen, bestätigen, bemerken, benennen, bezeugen, benachrichtigen, berichten, bekannt geben/machen, brüllen
D: durchgeben, daherreden, dummes Zeug reden
E: erklären, erwähnen, entschlüpfen, erzählen, etwas von sich geben, einwerfen, einflechten, einfließen lassen, eröffnen, enthüllen
F: formulieren, feststellen, faseln, flüstern
G: gestehen, gackern
H: herausplatzen, hinweisen, heraussprudeln
I: in Worte fassen, informieren, in Kenntnis/ins Bild setzen, in Umlauf setzen
J: jubeln
K: kundtun, kommunizieren
L: labern
M: mitteilen, mitreden, manifestieren, meinen
N: nennen, nuscheln
O: offenbaren
P: publik machen, proklamieren, plaudern, plappern, palavern
Q: quasseln, quatschen
R: reden, referieren
S: sprechen, sich äußern, sich zu Wort melden, sich auslassen, signalisieren, Schweigen brechen, schwatzen, schwätzen, schnattern, schwafeln
T: tratschen
U: übermitteln, überbringen, unterrichten, unter die Leute bringen
V: vorbringen, vom Stapel lassen, verzapfen, verbalisieren, vermelden, veröffentlichen, verlautbaren, verbreiten, verkünden, vortragen, verzapfen
W: Wort ergreifen, wissen lassen, weitergeben, weiterleiten
Z: zwischenrufen, zur Sprache bringen, zum Ausdruck bringen, zutexten

19. Fortsetzung

Moritz sagt dem Mädchen auf der Straße seinen Namen ins Ohr.

Moritz gesteht dem Mädchen auf der Straße seinen Namen ins Ohr.
Wirkung: lieblich, romantisch

Moritz brüllt dem Mädchen auf der Straße seinen Namen ins Ohr.
Wirkung: aggressiv

Sie sagt, dass sie Bücher nicht so gerne hat, die schon beim Titel sagen: Ich bin langweilig.

Sie erzählt, dass sie Bücher nicht so gerne hat, die schon beim Titel verkünden: Ich bin langweilig.
Wirkung: neutral, nüchtern

Sie schreit, dass sie Bücher nicht so gerne hat, die schon beim Titel brüllen: Ich bin langweilig.
Wirkung: wütend, zornig

Der Lehrer sagt, dass die Schüler leise sein sollen.

Der Lehrer beklagt, dass die Schüler nicht leise sind.
Wirkung: enttäuscht

Der Lehrer jubelt, dass die Schüler nicht leise sind.
Wirkung: freudig

20. Ausstieg: Der letzte Eindruck bleibt

Zeit für ein bisschen Abwechslung: Der Endspurt in Brief und E-Mail. Was gibt's außer den „freundlichen Grüßen" noch?

1. „... stehen wir Ihnen gerne zur Verfügung"

Wenn Sie jetzt mehr erfahren wollen, geht das ganz einfach: Unter Telefon 12345 erreichen Sie direkt Ihren Kundenservice.

Rufen Sie einfach an! Wir freuen uns auf das erste Gespräch.

Sicher wollen Sie nun ganz genau erfahren, was wir Ihnen bieten können. So einfach geht's: Gleich anrufen unter ...

... freuen wir uns auf Ihre Antwort.

Weitere Details verrate ich Ihnen gern am Telefon. Einfach anrufen!

Noch mehr über xyz erfahren Sie beim ersten Anruf. Wählen Sie einfach 0123/456789!

Noch individueller wird's im persönlichen Gespräch. Die heiße Nummer: 1234567

Haben Sie dazu noch fragen? Wir sind gerne für Sie da ...

2. „Mit freundlichen Grüßen"

Einen schönen Tag
Einen guten Rutsch ins neue Jahr
Mit besten Grüßen aus Hamburg
Einen angenehmen Messeaufenthalt in Frankfurt
Herzliche Grüße aus dem sonnigen München
Viel Erfolg mit dem neuen Projekt
Eine wunderbare Vorweihnachtszeit
Einen schönen Sommer wünscht Ihnen
Ein schönes verlängertes Wochenende ...

21. Wie Wörter und Wendungen wirken - eine Rangfolge

Ihre Herausforderung: Suchen Sie Wendungen, Nomen und Verben rund ums Thema Essen. Wie viele finden Sie? Aktivieren Sie Ihre grauen Zellen – natürlich ohne Google und Co. Schnell werden Sie merken, dass jedes Wort/jede Wendung eine andere Wirkung hat.

1. Wendungen rund ums Essen:

Liebe geht durch den Magen, einen Bärenhunger haben, Mordshunger, die Haare vom Kopf fressen, den Löffel abgeben, einen schlechten Beigeschmack haben, vor Wut kochen, jemanden dahin wünschen, wo der Pfeffer wächst, auf Sparflamme kochen, mit ihr/ihm ist gut Kirschen essen, auf der Zunge zergehen lassen, jemandem Honig ums Maul schmieren, jemandem aus der Hand fressen, ein Haar in der Suppe finden, wie die Made im Speck, jemandem etwas schmackhaft machen, den Braten riechen, eine Extrawurst bekommen, eine Sache ist gegessen, seinen Senf dazu geben, das Gelbe vom Ei, gepfefferte Preise, an jemandem einen Narren fressen,

2. Nomen rund ums Essen:

Nahrung, Mahlzeit, Kost, Speise, Nahrungsaufnahme

3. Verben rund ums Essen:

verschlingen, mampfen, fressen, jemanden abservieren, vertilgen, auslöffeln, hineinstopfen

22. Mit allen Sinnen texten

Sie sollten sich „Fühl-Wörter“ für folgende Begriffe ausdenken: **Zitrone, Gitarre, gefütterte Winterstiefel, 3 Wochen alter, stinkender Fisch**

Hier einige Ideen ...

Zitrone: sauer, spritzig, erfrischend, fruchtig, gelb, frisch, prickelnd, gesund, säuerlich, sommerlich

Gitarre: klangvoll, warm, schwingend, klingend, kraftvoll, runder/weicher/voller/glockiger Klang, melodisch, rhythmisch

Gefütterte Winterstiefel: kuschelig, warm, bequem, wohlig, flauschig, wärmend, weich, gemütlich

3 Wochen alter, stinkender Fisch: stinkig, fischig, beißend, Ekel, faulig, eklig, derb, übel, widerlich, verdorben

23. Die Macht von Wortwelten

Ahoi! Sie als schlauer Fuchs konnten sich bei der Aufgabe bestimmt gut über Wasser halten. Hier trotzdem ein paar Tipps vom Kapitän …

Seefahrt:
- etwas an Land ziehen
- alle Mann an Bord
- die Wogen glätten
- Schiffbruch erleiden
- auf Grund laufen
- hohe Wellen schlagen
- das Steuer herumreißen
- auf dem falschen Dampfer
- der Hafen der Ehe
- alte Fregatte
- Galionsfigur

Tiere:
- Katerstimmung
- alter Hase
- ein Katzensprung
- mit jemandem ein Hühnchen rupfen
- sich mit fremden Federn schmücken
- die Krallen ausfahren
- bärenstark
- Schlange stehen
- sich pudelwohl fühlen
- ein kleiner Fisch sein
- im Trüben fischen

24. Tonalitäten

Das Beispiel: „Der Mann liest ein Buch im Sessel."

Ein paar Synonyme zur Anregung:

Mann: Bursche, Mannsbild, Kerl, Gemahl, das starke Geschlecht

Sessel: Hocker, Schemel, Lehnsessel

Buch: Abhandlung, Lektüre, Werk

lesen: schmökern, durchblättern, kontrollieren

So klingt der Satz gleich ganz anders:

Der coole Typ durchblättert lässig das Heftchen in seinem stylishen Designer-Sessel.

Der Bursche durchforstet neugierig eine Lektüre auf seinem Schemel.

Der feine Herr Gemahl kontrolliert mit spitzen Fingern das „Werk" seiner Frau in seinem hochherrschaftlichen Lehnsessel.

Der unheimliche Herr liest in Todesstille einen schaurigen Wälzer in seinem schwarzen Brokat-Thron.

26. Schreiben Sie einen Werbebrief

Wenden wir uns wieder Frau Müller zu. So könnte ein gelungener Werbebrief an sie aussehen:

Liebe Frau Müller,

(Wenn) jeden Tag das Gleiche … kaum haben Sie sauber gemacht, schon rennen die Kinder mit Schuhen durch die Wohnung oder der Hund bringt den halben Wald vom Spaziergang mit nach Hause. Sie haben einfach keine Lust mehr, allen hinterher zu räumen. Immer bleibt die Arbeit an Ihnen hängen?

(Dann) Jetzt nicht mehr, denn der Saugroboter 3000 nimmt Ihnen diese lästige Arbeit ab. Programmieren Sie einfach eine bestimmte Route ein und ganz ohne Ihr Zutun erledigt der fleißige Saugroboter 3000 die Arbeit. Während Sie wieder Zeit für die schönen Dinge des Lebens haben.

(Weil) Die Sauberkeits-Studie hat bei ihrem Haushalts-Test 4/2015 gezeigt, dass der Saugroboter 3000 gründlicher saugt als jeder bisherige Staubsauger. Bei einer täglichen Reinigung der Fußböden kann die Gefahr, an einer Hausstaubmilben-Allergie zu erkranken, um 30 % gesenkt werden. Somit ist es nicht nur praktischer für Sie, sondern auch gesünder für die ganze Familie den Saugroboter 3000 zu verwenden.

(Deshalb) Zögern Sie nicht lange und kaufen Sie gleich den neuen Saugroboter 3000. Schlagen Sie gleich zu: im Fachhandel oder auch online unter www.saugroboter3000.de.

Wir freuen uns auf Ihre Bestellung!

Ihr Saugroboter3000-Team

29. Erkennen Sie die verschiedenen Textraster?

Beispiel 1: Textraster:
Nr. 2: „Text-Energie“ von Anfang an!

Vorsatzwort oder Eigenname	Nie wieder Rückenschmerzen!
Merkmal	Matratze *Bequemia* mit patentiertem SleepFoam.
Vorteil	Die Matratze passt sich dem Körper perfekt an.
Nutzen	Erholtes Aufwachen.
Aufforderung	Starten Sie in ein waches Leben!

Beispiel 2: Textraster:
Nr. 3: Der Allrounder

Vorsatzwort	Unterwegs wie im eigenen Bett schlafen!
Produktname	Der Schlafsack *Sleepy*
Produktvorteil	Der Schlafsack wärmt mit seiner exklusiven FluffyRT-Füllung auf Reisen.

Beispiel 3: Textraster:
Nr. 1: Benefit-Benefit-Benefit-Regel

Produktbezeichnung/-name	Das *Aqua Naturale*
Entscheidender Produktvorteil	Deckt den Bedarf an Tagesmineralien mit einem Getränk.
Vorteil in die Lebenssituation des Kunden transferieren	Gedanken an die richtige Ernährung gehören der Vergangenheit an.
Beschreiben, wie sich das Leben verändert	Sie fühlen sich fit und voller Lebensfreude.

30. Englisch, Denglisch, Bahnhof?

Hier kommen einige Übersetzungsvorschläge für die beiden Slogans:

1.

YouTube

Broadcast Yourself™

Hier kommt deine Plattform
Deine Bühne, deine Sendezeit
Zeig uns Deine Welt

2.

PHILIPS

sense and simplicity

Warum nicht einfach?
Einfach anders, einfach genial
Und das Leben wird leicht
Musik hören Kinderleicht
Ohne Zusatzstoffe – Nur purer Sound

Ein Wort zum Schluss

Das war's. Das ganze SGV- und Texterclub-Team hofft, Sie hatten viel Spaß und haben einfach auch viel Neues entdecken können.

Für uns war's auch ein erster Wurf. Weil wir immer wieder nach Übungen gefragt wurden. Nach und nach soll hier ein komplettes Programm entstehen. Eine dauerhafte Text-Challenge. Wer Lust hat, mitzuhelfen: Gerne. Wir freuen uns über Übungen, Ideen, Beiträge. Einfach an info@sgv-verlag.de schicken.

Und vielleicht haben Sie es schon gemerkt: Dieses Trainingsbuch hat Ihnen jede Menge tollen Input geliefert, der Ihr „Texten!"-Buch zusätzlich ergänzt. Oder haben Sie das Standardwerk für Schreib-Profis und Vielschreiber noch nicht auf Ihrem Schreibtisch stehen? Dann wird es höchste Zeit: Egal ob als Neueinsteiger oder Experte – hier erwarten Sie fünf praktische, leicht verständliche Kapitel mit vielen Beispielen – für eine geballte Ladung Text-Know-how und den nötigen theoretischen Background. Einfach den QR-Code unten scannen und direkt im Online-Shop stöbern.

Ihr

Stefan Gottschling

www.sgv-verlag.de/sgvshop

Der Autor

Stefan Gottschling ist erfahrener Autor, Trainer, Berater und Texter aus Leidenschaft. Er ist Geschäftsführer des Texterclubs und des SGV Verlags sowie im Vorstand des IMW (Institut für messbare Werbung und Verkauf) und des BPWD (Bundesverband professioneller Werbetexter Deutschland e. V.). Der Dialogmarketing-Experte mit hoher Reputation im Markt gilt als einer der führenden Spezialisten für verkaufsstarke Texte und Konzepte.

Gottschling war mehrere Jahre als Texter und Kreativchef in einem Fachverlag tätig und berät noch heute zahlreiche Verlagsunternehmen. Als Geschäftsführer seiner Print- und Multimedia-Agentur erhielt er den deutschen PR-Preis, war Gründungsgesellschafter der Textakademie GmbH und dort lange Zeit Geschäftsführer. Viele Tausend begeisterte Zuhörer haben bis heute seine Texterseminare und Vorträge besucht.

Doch Kommunikation ist mit Social Media und Web 2.0 wesentlich dynamischer geworden. Auch das Lernen hat sich verändert. Deshalb gründete er 2011 den Texterclub, der als Seminaranbieter, Social-Media-Plattform und Kompetenz-Zentrum Lernsysteme entwickelt und viele Wissensangebote bereitstellt.

Gottschling hat zahlreiche Fachbücher und Fachbeiträge veröffentlicht. Seine Bücher über das Texten gehören zu den Standardwerken der Texter-Ausbildung. Mit dem „Textinspektor" entwickelte er ein einfaches Werkzeug zur Qualitätssicherung und betreibt mit dem Texterclub auf Facebook eine der größten deutschsprachigen Social-Media-Communitys für Texter. Seine Seminare hören Sie seit Anfang 2013 exklusiv in der Akademie des Texterclubs: www.texterclub.de.

Literatur-Verzeichnis

Die Inhalte dieses Trainingsbuchs basieren auf den Büchern, Aufsätzen, Fachbeiträgen und Seminaren von Stefan Gottschling.

Grundlagen

Gottschling, Stefan: Texten! Das So-geht's-Buch®. 2. Auflage. Augsburg: SGV Verlag, 2013.

Gottschling, Stefan: Lexikon der Wortwelten. Das So-geht's-Buch® für bildhaftes Schreiben. 4., erweiterte Auflage. Augsburg: SGV Verlag, 2015.

Gottschling, Stefan: Fernseminar „Texten!" – Schreiben für Werbung, Verkauf und Content-Marketing. Augsburg: SGV Verlag, 2014.

Gottschling, Stefan: Die Redigiertafel. 2. Auflage. Augsburg: SGV Verlag, 2014.

Dr. Kilian, Karsten (2012): Markenslogans. Online unter www.markenlexikon.com/slogans_a.html (Abgerufen am 29.10.2015).

Hahn, Alexander (2005): Slogan oder Claim? Online unter www.slogans.de/magazine.php?Op=Article&Id=26 (Abgerufen am 29.10.2015).

Jaxtheimer, Gerald (1998): Hänsel und Gretel. Eine Parodie auf Amtsdeutsch. Online unter www.musikunterricht-muenchen.de/wissen-parodie-t.htm (Abgerufen am 29.10.2015).

Bildquellen (in der Reihenfolge, wie sie im Buch vorkommen)

- Hirmer: Werbeanzeige „Hirmer Summer Sale".
- www.rauchmelder.org: Werbeanzeige „Rauchmelderpflicht".
- Therme Bad Wörishofen: Postkarte „Sonnige Grüße aus der Südsee".
- Rossmann: Gutscheine.

- Briefodruck Fülle KG: Messeausladung.
- The Newswheel: Opel Monza. www.thenewswheel.com/next-buick-regal-take-cues-opel-monza-concept/opel-monza-concept-1 (Abgerufen am 31.10.2015).
- Milka: Werbeanzeigen „Für ein Date mit deinem Freund", „Löffel-Ei", „Knabber-Spaß" und „Milka. Ein Stück und du bist da."
- Ritter Sport: „Reeperbahn", „Für Kreuzberger Nächte", „Rheinländer tragen das Herz gern auf der Zunge." www.ritter-sport.de/blog/2015/09/26/berlin-hamburg-und-duesseldorf-warten-mit-tollen-plakatmotiven-auf (Abgerufen am 31.10.2015).
- Die Berliner Stadtreinigung: Werbeanzeigen „We kehr for you", „Drei Wetter tough", „Heiße Ware", „Becherbutler", „Corpus für alle Delicti", „Würstchenbude" und „Kippendiener". www.bild.de/10um10/2014/10-um-10/hitliste-um-zehn-lustigste-slogans-berliner-stadtreinigung-38821506.bild.html (Abgerufen am 31.10.2015).
- Tourismusverband Sankt Johann-Alpendorf: Postkarte „Goldener Herbst".
- Süddeutsche Zeitung: Teaser „Sony Pictures einigt sich nach Hackerangriff mit betroffenen Mitarbeitern" (03.09.2015).
- Ben und Jerry's: Werbeanzeige „Wer einmal den Löffel abgibt, bekommt ihn nicht mehr wieder.".
- SwissLife: Werbeanzeigen „Ich werde niemals heiraten wir in der Kirche?" und „Aus der Traum wird Wirklichkeit." www.zmg.de/zeitungkreativ/anzeige-des-jahres-2014.html (Abgerufen am 31.10.2015).
- Plantagen Express: „Weihnachtsorangen".
- Depot: Newsletter vom 09.09.2015.
- IKEA: Newsletter vom 14.09.2015.
- Gebrüder Götz: Screenshot der Produktbeschreibung „Gabor Ballerina schwarz" im Online-Shop. www.gebrueder-goetz.de/gabor-ballerina-schwarz?pdtn=3216935&atin=369790&vptkgid=DEXI34180001&ppos=3 (Abgerufen am 31.10.2015).
- Tamaris: Screenshot der Produktbeschreibung „Pumps Taggia" im Online-Shop. www.tamaris.de/taggia/1-1-22412-35.html#color%)3D5890%26size%3D35 (Abgerufen am 31.10.2015).
- Fashion ID: Screenshot der Produktbeschreibung „Marc O'Polo Lederboots" im Online-Shop. www.fashionid.de/marc-o-polo/damen-lederboots-mit-lyralochung-marineblau-9339955_10 (Abgerufen am 31.10.2015).
- Otto: Screenshot der Produktbeschreibung „Zala Schmutzfangmatte" im Online-Shop. www.otto.de/p/schmutzfangmatte-zala-living-sterne-460524791/#variationId=460524792 (Abgerufen am 31.10.2015).
- www.horizont.net. „Die skurrilsten Übersetzungen englischer Slogans" www.horizont.net/marketing/nachrichten/-Lebendig-angeknoepft-Die-skurrilsten-uebersetzungen-englischer-Slogans-87900 (Abgerufen am 31.10.2015).

Weiter im Text …

… geht es auf der Website des SGV Verlags und mit den Büchern von Stefan Gottschling.

Alle Infos zu Büchern, Workbooks, Texter-Tools und anderen Produkten aus dem SGV Verlag finden Sie unter www.sgv-verlag.de/sgvshop.

Bestell-Telefon: 0821 / 650 380 5
Bestell-E-Mail: shop@sgv-verlag.de

Bücher und Textwerkzeuge von Stefan Gottschling

Texten!
Das So-geht's-Buch®

Das Standardwerk von Text- und Dialogmarketing-Profi Stefan Gottschling ist großer Rundumschlag und Bedienungsanleitung in einem. Von den Grundlagen des Verkaufstextes bis in die neue Social-Media-Welt hinein.

Ganz konkret liefert es Text-Einsteigern wie Experten stimmige, funktionierende und führende Baupläne: für Print- und Online-Medien, für Teaser oder Pressemeldungen, für Prospekte, Online-Shops oder E-Mail-Newsletter. Mit dabei: über 30 Minuten Videomaterial. Für alle, die ihr Buch nicht nur lesen, sondern auch sehen und hören wollen.

„Was für ein gigantisches Wissensbollwerk!"
(Andreas Herrmann, Präsident des Bundesverbandes professioneller Werbetexter Deutschland e. V.)

Texter-Tools:
Ihr praktischer Werkzeugkasten zur Text-Optimierung

Texter-Tools sind die perfekten Helfer für Ihren Schreibtisch: praktisch, informativ und 100 % Klartext. Ein Werkzeugkasten, der immer weiter wächst. Die laminierten Tafeln im A4-Format liefern jede Menge kompaktes Texter-Wissen. Damit optimieren Sie Ihre Texte systematisch und schnell.

Das sind Ihre Themen:

- Redigieren: Einfach besser schreiben!
- Grammatik: Was ist was?
- Rechtschreibung: Die wichtigsten Zweifelsfälle
- Wortwelten: Sprachbilder für Text-Profis
- Zitieren: Die wichtigsten Tipps & Tricks
- Crashkurs Pressemeldung
- Kommasetzung: Typische Zweifelsfälle
- Stellenanzeigen: Gekonnt konzipieren & rechtssicher texten

Weitere Themen unter www.sgv-verlag.de/sgvshop

Lexikon der Wortwelten
Das So-geht's-Buch® für bildhaftes Schreiben

Wenn Lesen „Fernsehen im Kopf" ist, dann liefert dieses Buch die Anleitung und Werkzeuge für „Filmemacher" dazu! Denn das Lexikon der Wortwelten ist eine thematisch gegliederte Sammlung von bildhaften Wörtern und Wendungen. In 23 Kapiteln wie Sport, Seefahrt oder Musik drängt sich eine Flut von Sprachbildern und will losgelassen werden.

Das Lexikon eignet sich für alle, die kräftige Einstiege oder die passende Metapher suchen oder Wortwelten als Kreativkick gegen Schreibblockaden nutzen. Ein unterhaltsames und nützliches Buch, das sich schnell unentbehrlich macht.

„Ein Must-have, mit dem Sie Stilbrüche vermeiden und Schreibblockaden überwinden können." (W&V – Werben und Verkaufen)

Noch weiter im Text ...

... geht's in den Original-Texterseminaren von Stefan Gottschling

Zum Beispiel mit den beiden Ganztages-Seminaren „Texten 1 und 2“: Erleben Sie anhand vieler Übungen und konkreter Beispiele, wie Sie mit starken Texten mehr verkaufen. Sehr praxisnah, mit viel Spaß und fundierten Werkzeugen arbeiten Sie auch an eigenen Texten. Dabei wird Ihre ausführliche Seminar-Unterlage zum maßgeschneiderten Arbeitsbuch.

„Texten 1“ führt Sie Schritt für Schritt in den Schreibprozess. Blickverläufe und Textstrukturen? Sie konzipieren ganz sicher. Schreibblockaden? Überwinden Sie spielend. Stilfragen? Klare Regeln helfen. Schon am ersten Tag entdecken Sie viele Optimierungschancen und profitieren von starken Textwerkzeugen. Mit den gelernten Techniken schreiben Sie überzeugende Texte, bewegen sich in unterschiedlichen Tonalitäten und beurteilen sofort die Textqualität.

Sie verbessern weiter, entwickeln wirksame Headlines und klare Argumente. Hier liegt der Schwerpunkt von „Texten 2“. Auch Briefings und die langfristige Qualitätssicherung von Texten erhalten neue Impulse. Werkzeuge wie das praktische Redigiersystem zeigen sofort Ihr Verbesserungspotenzial. Texteinstiege gelingen spielend, Sie schreiben schnell und verkaufsstark. Und so ganz nebenbei nehmen Sie Werkzeuge und viele Argumente mit, um Ihre Texte überzeugend zu präsentieren.

Alle Infos und Termine sowie weitere spannende Seminarthemen rund um Marketing, Text und Kommunikation finden Sie unter www.texterclub.de. Wir freuen und auf Ihren Besuch!

Viel mehr als ein Seminar: ein komplettes Lernsystem!

PRAXIS-WISSEN • sofort einsetzbar • Texterclub Die Akademie

Immer inklusive:

- Helpline vor dem Seminar.
- Ausführliches Seminar-Skript und Arbeitsmaterialien.
- Bei den Ganztages-Seminaren: Mittagsmenü, Snacks, alkoholfreie Getränke, Kaffee, Tee, Kuchen.
- Ihr persönliches Teilnahme-Zertifikat.
- Nachbetreuung durch die Texterclub-Redaktion, wenn Sie weitere Fragen haben.
- Zusätzliche Infos zum Text: im monatlichen „Textertipp“ per E-Mail.
- Der Texterclub auf Facebook als Ihr direkter Link in die Redaktion. Für Fragen, Ideen oder einfach zum Spaß.

Herzlich willkommen ...

im Texterclub auf Facebook

im Texterclub auf Xing

im SGV Verlag

auf www.texterclub.de

Texterclub
www.texterclub.de